海洋科学前沿系列丛书

海洋信息技术与应用

黄冬梅　贺琪　郑小罗 等◎编著

U0295469

上海交通大学出版社
SHANGHAI JIAO TONG UNIVERSITY PRESS

内容简介

本书为海洋信息类教材,全书共分为上下两篇:上篇(基础篇)主要介绍海洋信息化的几项基础技术,包括海洋信息获取技术、海洋信息传输技术、海洋信息处理技术以及海洋信息系统的设计与实现;下篇(应用篇)主要介绍几项重要的海洋信息化应用领域,包括海洋信息技术在海洋数据中心建设中的应用,海洋信息技术在海洋现象再现中的应用,海洋信息技术在海洋防灾减灾中的应用,海洋信息技术在海域管理中的应用以及海洋信息技术在极地科考中的应用。

本书适合相关专业研究生以及海洋信息化科技人员阅读参考。

图书在版编目(CIP)数据

海洋信息技术与应用 / 黄冬梅等编著. —上海:
上海交通大学出版社,2016
ISBN 978 - 7 - 313 - 15146 - 9

Ⅰ. ①海… Ⅱ. ①黄… Ⅲ. ①海洋学—信息技术—研
究 Ⅳ. ①P7 - 39

中国版本图书馆 CIP 数据核字(2016)第 137306 号

海洋信息技术与应用

著　者:	黄冬梅　贺琪　郑小罗　等		
出版发行:	上海交通大学出版社	地　　址:	上海市番禺路 951 号
邮政编码:	200030	电　　话:	021 - 64071208
出 版 人:	韩建民		
印　制:	上海天地海设计印刷有限公司	经　　销:	全国新华书店
开　本:	787 mm×1092 mm　1/16	印　　张:	10.5　插页:4
字　数:	220 千字		
版　次:	2016 年 7 月第 1 版	印　　次:	2016 年 7 月第 1 次印刷
书　号:	ISBN 978 - 7 - 313 - 15146 - 9/P		
定　价:	48.00 元		

前　言

海洋是地球生命的摇篮,是人类生存与可持续发展的重要空间。近年来,全球性的海洋开发利用热潮促使我国加快了研究、开发和利用海洋的步伐,由此带动了对高质量海洋信息的广泛和迫切的需求。与此相适应,海洋信息化进程加快,海洋信息化建设在许多方面有了长足发展:海洋电子政务工程建设进展顺利,中国近海"数字海洋"信息基础框架已经初步搭建完成,国家海洋局政府网站、中国海洋信息网、各海洋专题服务网站建设不断完善,海洋综合管理信息系统建设继续深化拓展,海洋运输、港口、渔业、石油等相关行业和领域的信息化工作飞速发展,沿海省市海洋信息化工作也发展较快,基本满足国家海洋权益维护、海洋资源开发利用、海洋环境保护等需求。

我国作为一个拥有 300 万平方千米"蓝色国土"的海洋大国,要实现海洋事业的跨越式发展,关键靠人才,基础在教育。在这样的背景下,全国许多高校相关专业都开始关注海洋信息技术人才的培养,以满足海洋信息化发展的需求。本书以高级海洋信息技术人才培养为目标,结合实际海洋信息化系统开发经验,全面介绍相关基础知识和开发关键技术。

全书共分为上下两篇。上篇(基础篇)主要介绍海洋信息化的几项基础技术内容,包括海洋信息获取技术、海洋信息传输技术、海洋信息处理技术以及海洋信息系统的设计与实现。下篇(应用篇)主要介绍几项重要的海洋信息化应用,包括海洋信息技术在海洋数据中心建设中的应用,海洋信息技术在海洋现象再现中的应用,海洋信息技术在海洋防灾减灾中的应用,海洋信息技术在海域管理中的应用以及海洋信息技术在极地科考中的应用。

本书由黄冬梅设计整体框架结构,各章主笔分工如下:第一章、第三章、第七章、第九章由贺琪、郑小罗等编写;第二章、第八章、第十章由赵丹枫编写;第四章、第六章由王建编写;第五章由张程冬编写。最终由黄冬梅、贺琪统稿,黄冬梅定稿。

本书是上海海洋大学"数字海洋研究所"多年工作的结晶,研究所人员曾参与完成上海"数字海洋"示范区的建设工作,承担完成了一系列涉海信息化项目,同时也开展了相关领域的科学研究并取得优异成果,为本书提供了充分的理论和技术支撑。

由于作者水平和实践有限,书中存在的错误和不足之处敬请读者不吝指正。

目　录

上篇　基础篇

下篇 应用篇

上篇　基础篇

第1章 绪 论

21世纪是海洋世纪,海洋资源的开发和利用已经成为沿海国家解决陆地资源日渐枯竭的主要出路之一。近几年来,全球性的海洋开发利用热潮推动了我国研究、开发和利用海洋的步伐,由此带动了对高质量海洋信息广泛和迫切的需求。与此相适应,海洋信息化进程加快,海洋信息化建设在许多方面有了长足发展:海洋电子政务工程建设进展顺利,中国近海"数字海洋"信息基础框架建设正式启动,国家海洋局政府网站、中国海洋信息网、各类海洋专题服务网站建设不断完善,海洋综合管理信息系统建设继续深化拓展,海洋运输、港口、渔业、石油等相关行业和领域的信息化工作飞速发展,沿海省市海洋信息化工作也发展较快,基本满足国家海洋权益维护、海洋资源开发利用、海洋环境保护等需求。

海洋信息化是国家信息化战略的重要组成部分,也是我国海洋事业发展的重要组成部分,在海洋事业发展中起着基础性、公益性和战略性的重要作用。随着我国海洋事业的快速发展,海洋信息的基础性作用日益突出,因此,海洋信息化建设为海洋事业的快速发展提供了强有力的支撑,海洋信息化发展将步入重要的战略机遇期。

本章主要介绍海洋信息技术的发展现状,以及海洋信息技术应用的意义和未来展望。

1.1 我国海洋信息技术的发展现状

我国拥有海洋站、海洋调查船、海上浮标、海监飞机、卫星遥感以及海洋环境监测网、海洋统计网和志愿船观测系统数据通信网等多种海洋数据采集获取渠道,保证了海洋基础数据和管理信息的来源。

目前,我国海洋信息技术发展的主要方向包括以下几个方面。

1. 基础信息系统的建设

我国在海洋空间数据获取、处理、存储和管理的技术体系建设方面取得了重要进展,建成了1:100万和1:50万海洋基础地理信息数据库,逐步建立了中小比例尺的海洋基础数据库群和综合性的海洋信息系统,基本实现了对海洋资源、海洋环境、海洋经济、海洋灾害和海洋情报文献等海洋信息的搜集、传输、处理、存储、管理等功能。

2. 海洋专题信息产品和服务的建设

近年来,我国海洋信息产品制作与服务能力有了较大提高,公报、年鉴、统计等面向公众的多种产品引起了广泛的社会关注,特别是在海洋信息可视化产品制作、三维海底地形模拟和 WebGIS 产品开发等方面取得了突破性进展,形成了一批支撑海洋管理、执法和权益保障等的专题信息产品和信息系统。

3. 海洋信息门户的建设

我国建设和完善了国家海洋局政府网站和中国海洋信息网,海洋信息网络服务体系初具规模,增加了海浪预报、海温预报、主要港口潮汐预报、海滨浴场环境预报、海洋时讯、海洋管理工作通讯和沿海省市海洋环境质量公报等信息内容,提高了海洋行政管理工作效率和公众服务能力,促进了政务公开。

4. "空、天、地、底"海洋环境监测系统的建设

海洋环境监测体系建设全面完成,形成了国家与地方相结合的海洋环境监测网络,开通了全国环境监测网,实现了海洋环境监测数据的实时、准实时的传输。由海洋站观测系统、志愿船观测系统和数据通信网络组成的海洋站和志愿船观测系统建设项目通过验收,该系统能对我国近岸海域的潮汐、波浪、温度、盐度和海洋气象要素进行自动观测和数据自动传输,实现了海洋环境监测站工作自动化,以及志愿船自动监测和数据自动传输。此外,我国第一颗海洋水色试验型业务卫星"海洋一号"成功发射,经处理的卫星数据在海洋生物资源开发利用、河口海湾及航道监测与治理、海洋污染监测与防治、海岸带监测及全球环境变化研究与资源开发服务中起到重要作用。

1.2 海洋信息技术应用的主要目的与意义

海洋信息技术应用的主要目的包括四个方面:一是海洋信息的数字化。主要任务是将历史与现实的、不同信息源的、不同载体的各类海洋信息进行数字化处理,形成以海洋基础地理、海洋环境、海洋资源、海洋经济、海洋管理等为主题的、统一的、标准的、易于理解和使用的海洋基础数据库。二是海洋信息的网络化。主要任务是建设海洋实时信息采集与传输网络、统计信息网络和海洋行政管理信息网络。三是决策支持信息系统的业务化。主要任务是开发和整合支撑海洋管理、执法监察和国家安全决策的信息系统和信息产品,并实现业务化运行。四是海洋基础信息服务的社会化。主要任务是开发海洋基础性、公益性信息资源,实现社会共享。

海洋信息化的意义主要包括以下几个方面:

1. 加强海洋基础数据的统一管理

整合现有的国家、部门或行业相关的海洋基础数据管理规定,制订国家海洋基础数据管理办法,建立"统筹管理、分头负责、审核发布、分级共享、安全保密、统一对外"的海洋基础数据管理和协调机制,建立健全国家海洋基础数据管理制度,建立海洋基础数据(目录)汇交制度、海洋基础数据质量检验制度、海洋基础数据评估审核和使用制度、海洋基础数据保密制度、海洋基础数据分级共享制度、海洋基础数据发布制度、海洋基础数据对外提供和交换制度,实现国家对海洋基础数据的有效管理。

2. 健全海洋信息化标准规范体系

进一步完善海洋信息采集、传输、处理、管理、产品开发、信息系统建设和信息服务等各环节的标准规范建设,积极推进海洋信息管理和服务的标准化。整合现有的海洋信息标准与规范,研究编制海洋信息化所需的标准和规范,按照基础标准、管理标准、网络标准、共享标准、应用标准和安全标准等不同内容,构建海洋信息化标准体系。有效保障海洋信息系统开发、海洋信息产品制作以及多系统间信息的共享。

3. 推进海洋信息共享

开展海洋信息共享政策、标准和信息共享关键技术研究,建立海洋信息共享机制,建设海洋科学数据共享中心。建立共享服务专家咨询制度,进一步完善国家中心和各分中心海洋科学数据共享平台,有序推进海洋信息共享。完善海洋资料与产品的服务管理,建立海洋资料分级体系和网络信息发布分级管理机制。加强基础数据资源规划与整合,更新完善海洋科学数据共享数据库及元数据系统,并实现业务化运行服务。建立中国近海特别是海岸带区域环境与资源数据产品体系,制作海洋基本场、海面气象、水深资料网格化图件等数据产品。进一步完善共享服务网络平台,增加平台服务功能,建立分中心网站的镜像站点,积极推动海洋信息数据共享。

4. 统一规划和建设海洋信息传输与通信网络

整合现有网络资源,规划建设统一的网络平台。将海洋环境监测系统数据通信网、海洋卫星遥感数据传输网、海洋浮标监测数据通信网、海监飞机与船舶监视信息传输网、海洋信息产品分发网络、海域动态监视监测网和“数字海洋”信息网等进行统一规划,合理布局,实现由一网专用向一网多用的转变,提高海洋信息传输网的利用率和传输效能。

5. 深度开发海洋信息适用技术

加强信息技术在海洋领域的引进、消化和吸收,提高海洋信息技术的自主开发能力。以真实性检验为基础,开展海量信息处理、知识挖掘、环境仿真、科学视算、虚拟现实等海洋信息适用技术研究,以及计算机图形学、控制学、数据库设计、实时分布系统和多媒体技术等多学科融合技术的研究;重点研发海洋 3S 技术、海洋数据同化处理技术、海洋数据挖掘技术、可视化模型构建技术、虚拟现实技术、分布式海洋空间决策支持技术和网格 GIS 体系信息共享技术等关键技术;把海洋信息技术广泛应用于海洋调查、监测、规划、管理、评价和科研等各项工作中。

6. 开发建设业务化应用系统

开发建设海洋综合管理专题应用系统,并实现业务化运行。按照统一设计和统一标准规范的原则,建设面向海域管理、海岛管理、海洋环境保护、海洋防灾减灾、海洋经济与规划、海洋执法监察、海洋权益维护和海洋科技管理等主题的业务化应用系统。重点建设海洋管理基础信息系统、重点海区环境保障基础信息系统、海洋科学研究和公众服务基础信息系统,集成信息发布、查询、业务办理、元数据服务、数据下载等功能,提供信息发布和互动式服务。以满足国家和区域海洋管理与决策的需求。加大海洋信息资源开发力度,利用再分析技术、仿真技术和可视化技术等,深度开发海洋基础地理、海洋资源、海洋环境和海洋经济等信息产品。

7. 保障国家海洋信息安全

重点开展信息安全保障能力、基础设施建设、安全防护能力、信息安全产品与服务、相关制度建设等信息安全保障工作。按照"积极防御、综合防范"的要求,强化安全监控、应急相应、密钥管理、网络信任等信息安全基础设施建设。加强基础信息网络和海洋重要信息系统的安全防护。建立健全海洋信息系统安全等级保护制度,开展海洋信息系统安全等级保护定级工作,提高海洋信息安全保障能力。

第2章 海洋信息获取技术

"空、天、地、底"海洋立体观测网的建立,实现了对海洋的"全天时、全天候"多样化观测,海洋数据的采集量呈指数级增长,并呈现出多类、多维、多语义、强关联等大数据特征。作为大数据的一个重要特例,海洋大数据有其独特的获取手段、类型与特征。本章从海洋数据的观测手段出发,介绍海洋大数据的各类获取方式,为进一步分析海洋大数据及研究海洋数据的应用奠定基础。

2.1 天基观测数据的获取

天基观测主要指航天遥感。海洋卫星遥感利用卫星遥感技术来观察和研究海洋,是海洋环境立体观测中天基观测的主要手段。海洋卫星遥感能采集约 70%～80%海洋大气环境参数,为海洋研究、监测、开发和保护等提供了一个巨大的数据集,这些信息是人类开发、利用和保护海洋的重要信息保障。图 2-1 为 Landsat 8 卫星拍摄的我国长江口遥感图(可参见附录彩页)。

海洋卫星分为海洋观测卫星和海洋侦察卫星,目前常用的海洋卫星遥感仪器主要有雷达散射计、雷达高度计、合成孔径雷达、微波辐射计以及可见光/红外辐射计海洋水色扫描仪等。雷达散射计提供的数据可反演海面风速、风向和风应力以及海面波浪场。利用散射计测得的风浪场资料,可为海况预报提供丰富可靠的依据。星载雷达高度计可对大地水准面、海冰、潮汐、水深、海面风强度和有效波高、"厄尔尼诺"现象、海洋大中尺度环流等进行监测和预报。利用星载高度计可测量出赤道太平洋海域海面高度的时间序列。合成孔径雷达(SAR)可确定二维的海浪谱及海表面波的波长、波向和内波。根据 SAR 图像亮暗分布的差异,

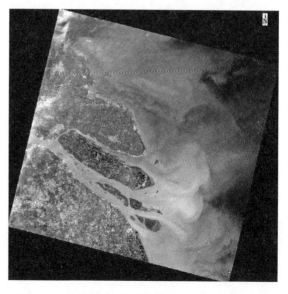

图 2-1 长江口 30 m 分辨率遥感图像(landsat-8)

7

可以提取到海冰的冰岭、厚度、分布、水—冰边界、冰山高度等重要信息。微波辐射计可用于测量海面的温度。以美国 NOAA - 10、11、12 卫星上的甚高分辨率辐射仪（AVHRR）为代表的传感器，可以精确地绘制出海面分辨率为 1 km、温度精度优于 10℃的海面温度图像。

2.2 空基观测数据的获取

空基观测主要指航空遥感。航天遥感和航空遥感的区别主要是：

（1）使用的遥感平台不同，航天遥感使用的是空间飞行器，航空遥感使用的是空中飞行器。

（2）遥感的高度不同，航天遥感使用的极地轨道卫星的高度一般约 1 000 千米，静止气象卫星轨道的高度约 3 600 千米，而航空遥感使用的飞行器的飞行高度只有几百米、几千米、几十千米。

航空遥感平台主要分为常规的航空遥感和无人机航空遥感。遥感飞机作为遥感平台，是空基观测数据的主要来源，装载各种传感器。通常是在机腹设置不同的窗口，便于对地观测，如安置航摄用的摄影机、多光谱摄影机以及各种扫描仪、辐射计、测高仪等。

航空遥感具有机动灵活、覆盖范围广、空间分辨率高等特点，特别适用于近岸海域的监测。其中，高光谱遥感技术具有纳米级的光谱分辨率，是航空遥感主要发展方向，适用于细分光谱的遥感定量分析。此外，无人机航空遥感还具有续航时间长、影像实时传输、高危地区探测、成本低、机动灵活等优点。

海洋航空遥感技术可实现对赤潮、溢油、海冰等海洋灾害的快速监视监测；可准确获取海岸带资源和环境的科学数据；也可用于开展大范围污染探测与现状调查。先进的航空遥感监测技术将为近海环境保护提供可靠支撑，为国家和地方海洋经济发展规划提供决策依据。

2.3 岸基观测数据的获取

岸基观测分为海洋台站观测和岸基雷达观测。

2.3.1 海洋台站观测数据的获取

目前，我国现有海洋观测站点有 100 多个，依据《海滨观测规范》、《地面气象观测规范》和《海洋自动化观测通用技术要求》等观测工作执行标准，开展各类观测项目和要素的数据采集处理、传输等工作，主要观测要素包括潮汐、表层水温、表层盐度、海浪、风向风速、气压、气温、相对湿度、能见度和降水量等。

观测仪器设备的测量准确度,应满足各要素测量技术指标,包括测量范围、分辨率、准确度、采样频率等。表 2-1 说明了当前海洋台站表层海水温度、表层海水盐度、潮汐、海浪及地面气象观测所使用的观测仪器测量范围和准确度等,这类数据确定了所获取观测数据的质量等级,为观测资料应用范围提供了准确的参考。

表 2-1 海洋台站自动监测系统观测要素测量范围、准确度

观测要素	测量范围	准 确 度				记录数据
		一 级	二 级	三 级	四 级	
表层海水温度	0～40℃	±0.05℃	±0.2℃	±0.5℃	—	1 min 平均值
表层海水盐度	8～36	±0.02	±0.05	±0.2	±0.5	1 min 平均值
潮位	0～1 000 cm	±1 cm	±5 cm	±10 cm		1 min 平均值
波高	0.5～20 m	±10%	±15%	—	—	17～20 min 平均值
波向	0°～360°	±5%	±10%	—	—	
周期	2.0～30 s	±0.5 s				
风向	0°～360°	±5°				3 s 平均值 1 min 平均值 2 min 平均值 10 min 平均值
风速	0～60 m/s	±(0.5+0.03V)m/s ±(0.3+0.03V)m/s(基准气候观测)				
气温	−50～+50℃	±0.2℃				1 min 平均值
相对湿度	0%～100%	±4%(≤80%);±8%(>80%)				1 min 平均值
气压	500～1 100 hPa	±0.3 hPa				1 min 平均值
降水量	雨强 (0～4)mm/min	±0.4 mm(≤10 mm); ±4%(>10 mm)				累 计

2.3.2 岸基雷达观测数据的获取

岸基雷达指以海岸为基础部署的雷达,主要用于海流测量、海面目标监视等,其优势在于能够对海面目标进行持续、全天候、实时监视。

岸基雷达包括高频地波雷达 HFSWR 和 X 波段雷达等。HFSWR 是一种岸基超视距遥测设备,在海洋环境监测领域,其具有覆盖范围大、全天候、实时性好、功能多、性价比高等特点,在气象预报、防灾减灾、航运、渔业、污染监测、资源开发、海上救援、海洋工程、海洋科学研究等方面有广泛的应用前景。X 波段雷达有上下左右各 50°的视角,并且该雷达能够 360°旋转侦查各个方向的目标。

2.4 船基观测数据的获取

2.4.1 调查船观测

调查船观测目前仍是海洋调查观测的主要作业模式,是建设海洋环境立体监测网的重要内容,指的是在船舶上配备先进的仪器设备进行观测。我国"雪龙号极地科考船"就是典型的调查船,安装了可以用来探寻磷虾及其他极区水生动物的鱼探仪,可在航行时测定海水流速、方向的多普勒海流计,以及用于测量海水温度、盐度、深度的"CTD"等一大批先进的仪器设备,可对极地海洋、大气、生物、地质、渔业和生态环境等进行综合考察。

调查船上布放的仪器包括:温盐深探测仪(CTD),海流测量仪器、走航式声学多普勒流速剖面仪(ADCP)、声相关海流剖面仪(ACCP)等,能在走航中同时测量海流速度的剖面分布和海水中悬浮沙的浓度剖面分布,并能实时显示水中悬浮物的运动状态。

2.4.2 走航拖曳式观测

走航观测是将拖曳式海洋学仪器从船尾放入海中,拖曳在船后进行观测。拖曳系统的观测参数包括水体叶绿素浓度、温度、盐度、溶解氧、营养盐等,通过船舶走航拖曳方式可实现上述参数的连续剖面观测或定深观测,测量数据连同经纬度等辅助数据实时被传输至调查船。走航观测是极地考察的一个重要组成部分,通过走航观测可以获得跨越多个纬度的海洋生物、海洋化学、海洋物理、大气等学科数据,有助于科研人员进行系统的对比研究。因此,走航观测是海洋观测的重要内容之一。

2.5 海基观测数据的获取

根据观测设备的位置,将海基观测分为定点观测和移动观测。

2.5.1 水面和水下定点观测

海基定点观测包括部分海洋定点浮标观测和海床基观测。

海洋浮标观测是指利用具有一定浮力的载体,装载相应的观测仪器和设备,被固定在指定的海域,随波起伏,进行长期、定点、定时、连续观测的海洋环境监测系统。海洋浮标根据在海面上所处的位置分为锚泊浮标、潜标和漂流浮标,其中前两者用于定点观测,后者属于移动观测。锚泊浮标用锚将浮标系留在海上预定的地点,具有定点、定时、长期、连续、较准确地收集海洋水文气象资料的能力,称为"海上不倒翁"。潜标可潜于水中,主要用于深海测流和深层水文要素。对水下海洋环境要素进行长期、定点、同步剖面观测。不易受海面恶劣海况的影响及人为(包括船只)破坏,海洋潜标系统可以观测水下多种海洋环境参数。

海床基观测系统是一种坐底式离岸海洋多参数监测系统。主要监测对象包括海流剖面、水位、盐度、温度等海洋动力要素。系统坐底工作期间,各种测量仪器在中央控制机的控制下,按照预设方案对海洋环境进行监测(典型情况下每小时采集一组数据)。中央控制机从采集到的原始数据中提取特征数据,控制声通信发射机将数据实时传送至水面浮标系统,再由浮标通过卫星通信将数据转发至地面接收站。在完成预定监测工作后可通过声学遥控释放手段对系统进行回收。海床基观测系统是海洋环境立体监测系统的重要组成部分,是获取水下长期综合观测资料的重要技术手段,在海洋监测领域的应用十分广泛。随着我国在海洋资源开发、海洋防灾减灾、节能减排、海洋科学研究等领域开展越来越多的工作,对海床基观测系统的需求正在逐渐增加,海底观测系统也逐步成为海洋技术领域的研究热点。

2.5.2　水面和水下移动观测

主要的海基移动观测设备包括水面的漂流浮标、水下滑翔机和无人水下航行器等。

漂流浮标可以在海上随波逐流收集大面积有关海洋资料,具有体积小、重量轻,没有庞大复杂的锚泊系统,具有简单、经济之特点,有表面漂流浮标、中性浮标、各种小型漂流器等。它利用卫星系统定位与传送数据,可以连续观测表层海流及表层水温。测量参数包括气温、气压、表层水温、水下温度剖面、表层流、全向环境噪声、波浪及方向谱等。

水下滑翔机是一种依靠浮力驱动、以锯齿形轨迹航行的新型水下移动观测平台,适合于较大范围、长时间、垂直剖面连续的海洋环境观测,具有可控、体积小、重量轻、易于布放与操作的特点,并且可以在船只进出困难海域以及极端气象条件下进行自主观测,已经成为一种通用的海洋环境观测平台,并在实际海洋环境观测计划中得到应用。

利用水下滑翔机进行海洋环境观测,可以直接或间接获得海洋环境参数。直接数据如海水深度温度盐度(CTD)、海水浊度、pH 值、叶绿素含量、溶解氧含量、营养盐含量、海水湍动混合、海洋中的声波等。间接数据通过在水下滑翔机上加载其他仪器获取,如加载高频流速剖面仪可进行高精度海洋湍动测量、安装声波探测器和记录仪可以收集海洋中哺乳动物发出的声波、由多个水下滑翔机组成的观测阵列可以进行大范围、长时间跨度的不同断面的准同步观测,克服船基调查站位有限、时间跨度小的缺点。

无人水下航行器(Unmanned Underwater Vehicle,UUV)是指用于水下侦察、遥控猎雷和作战等,可以回收的小型水下自航载体,是一种以潜艇或水面舰船为支援平台,可长时间在水下自主远程航行的无人智能小型武器装备平台。利用 UUV 可以进行探测网探潜、水下战场情报准备、水下战场预设、战场监视分析、战场感知传播、水下水声对抗等。网络中心战所需的大量水下信息,如海底地貌、海洋气象、地质、水文、磁场、声学特性,以及交战双方舰船的目标特性,水雷布设情况等,都可以通过 UUV 来获得。

第 3 章　海洋信息传输技术

　　大量的海洋监测数据需要可靠的传输方法或技术实现传输,以保障数据的正确性和可靠性。本章主要从有线传输和无线传输两方面展开介绍,详细说明两类海洋信息传输手段的实现技术。

3.1　有线传输

　　有线传输技术涵盖的范围很广,本节针对海洋信息传输的特点,主要介绍海底光缆传输。

3.1.1　海底光缆传输

　　海底光缆(Submarine Optical Fiber Cable),又称海底通信电缆,是用绝缘材料包裹的导线,铺设在海底,用以实现国家之间的电信传输。

　　海底光缆系统主要用于连接光缆和 Internet,它分为岸上设备和水下设备两大部分。岸上设备将语音、图像、数据等通信业务打包传输。水下设备负责通信信号的处理、发送和接收。水下设备分为海底光缆、中继器和"分支单元"三部分(海底光缆是其中最重要的也是最脆弱的部分)。海底光缆的结构要求坚固、材料轻,但不能用轻金属铝,因为铝和海水会发生电化学反应而产生氢气,氢分子会扩散到光纤的玻璃材料中,使光纤的损耗变大。因此海底光缆既要防止内部产生氢气,同时还要防止氢气从外部渗入光缆。为此,在 20 世纪 90 年代初期,研制开发出一种涂碳或涂钛层的光纤,能阻止氢的渗透和防止化学腐蚀。光纤接头也要求是高强度的,要求接续保持原有光纤的强度和原有光纤的表面不受损伤。海底光缆的生产技术主要有海缆专用光纤制造、海缆专用激光焊接不锈钢管光单元制造、内层钢丝铠装、无缝铜管制造、绝缘层挤制、外层钢丝铠装、外被层 PP 绳与沥青制造。根据不同的海洋环境和水深,海底光缆又可分为深海光缆和浅海光缆,相应地在光缆结构上表现为单层铠装层和双层铠装层。在产品型号表示方法上用 SK 表示单层铠装,用 DK 表示双层铠装。规格由光纤数量和类别表示。

　　同陆地光缆相比,海底光缆有很多优越性:一是铺设不需要挖坑道或用支架支撑,因而投资少,建设速度快;二是除了登陆地段以外,电缆大多在一定深度的海底,不受风浪等自然环境的破坏和人类生产活动的干扰,所以,电缆安全稳定,抗干扰能力强,保密性能好。同时,与人造卫星相比,海底光缆也有很多优势:海水可防止外界电磁波的干扰,所以海缆的信噪比较低;海底光缆通信中感受不到时间延迟;海底光缆的设计寿命为持续工作 25 年,而人造卫星一般在 10 年到 15 年内就会燃料用尽。

3.1.2　海底光缆的基本结构

按照特定的要求,海底光缆的基本结构是将经过一次或两次涂层处理后的光纤由加强构件(用钢丝制成)螺旋地绕包在中心,并放在专制的不锈钢管中,该管外再绕高强度拱形结构的钢丝。钢丝层再包上铜管,使得光缆铺设时不发生微/宏弯,最后用塑性外护套。深海光缆的结构要求更高,光纤设在螺旋形的 U 形槽塑料骨架中,槽内填满油膏或弹性塑料体形成纤芯。纤芯周围用高强度的钢丝绕包,在绕包过程中要把所有缝隙都用防水材料填满,再在钢丝周围绕包一层铜带并焊接搭缝,使钢丝和铜管形成一个抗压和抗拉的联合体,这个铜管还是传送远供电流的导体。在钢丝和铜管的外面还要再加一层聚乙烯护套。这样严密多层的结构是为了保护光纤、防止断裂以及防止海水的侵入,同时也是为了在敷设和回收修理时可以承受巨大的张力和压力。即使是如此严密的防护,在 20 世纪80 年代末还是发生过深海光缆的聚乙烯绝缘体被鲨鱼咬坏造成供电故障的实例。因此在有鲨鱼出没的地区,在海底光缆的外面还要加上钢带绕包两层后,再加一层聚乙烯外护套。

3.1.3　海底光缆传输的发展历程和面临的问题

全世界第一条海底电缆是 1850 年在英国和法国之间铺设。但第一条海底光缆却在1985 年问世。自此,海底光缆的建设在全世界的得到了蓬勃的发展。海底光缆以其大容量、高可靠性、优异的传输质量等优势,在通信领域,尤其是国际通信中起到重要的作用。1988 年,在美国与英国、法国之间敷设了越洋的海底光缆(TAT‑8)系统,全长 6700 千米。这条光缆含有 3 对光纤,每对的传输速率为 280 Mb/s,中继站距离为 67 千米。这是第一条跨越大西洋的通信海底光缆,这标志着海底光缆时代的到来。1989 年,跨越太平洋的海底光缆(全长 13200 千米)也建设成功,从此,海底光缆就在跨越海洋的洲际海缆领域取代了同轴电缆,远洋洲际间不再铺设海底电缆。据不完全统计,截至 20 世纪末,世界总共建设了大大小小的海底光缆系统 170 多个,大约有 130 余个国家通过海底光缆联网。

尽管如此,由于大量的网络通信需求都被寄望于几条小小的光缆时,这使得它们在危机到来时表现得异常脆弱。首先,它们经过的水域往往是重要的海路运输通道或渔船作业海域,2001 年和 2003 年上海崇明岛海域就分别发生过因渔船拖网、船只起锚而拉断光缆的事件。其次,有些光缆所经的地区刚好是世界上最活跃的地震多发地带——环太平洋地震带,地震往往造成光缆移位,甚至拉断光缆。如今,美国仍然是全球因特网的中心地区,大量主要服务器和国际网站都在美国,这在客观上导致国内网民的大量海外访问流量都是指向美国。而中美之间的光缆,几乎都要经过我国台湾附近海域,地震发生造成主要光缆中断时,中国的用户在访问美国服务器时,就不得不绕道欧洲或者澳洲,信息传输速度大受影响。

海底光缆的铺设和维修都异常困难。海底电缆工程被世界各国公认为复杂困难的大型工程。在浅海,如水深小于200米的海域缆线采用埋设,而在深海则采用敷设。水力喷射式埋设是主要的埋设方法。埋设设备的底部有几排喷水孔,平行分布于两侧,作业时,每个孔同时向海底喷射出高压水柱,将海底泥沙冲开,形成海缆沟;设备上部有引导缆孔,用来引导电缆(光缆)到海缆沟底部,由潮流将冲沟自动填平。埋设设备由施工船拖曳前进,并通过工作电缆做出各种指令。敷缆机一般没有水下埋设设备,靠海缆自重敷设在海底表面。一旦光缆出现问题,在茫茫大海中,从深达几百米甚至几千米的海床上查找直径不到10厘米的海缆,就如同大海捞针。再探测到光缆的断裂点,并将之打捞上来,重新接续好放回海底,其技术难度可想而知。

3.1.4　海底光缆传输的意义

海底光缆通信容量大、可靠性高、传输质量好,承载着世界80%以上的长途通信业务,在世界通信网络中发挥着越来越重要的作用。我国海岸线长、岛屿多,为了满足人们对信息传输业务不断增长的需要,大力开发兴建我国沿海地区海底光缆通信系统,进而改善我国的通信设施,这对于推动整个国民经济信息化进程、巩固国防具有重大的战略意义。随着全球通信业务需求量的不断扩大,海底光缆通信发展应用前景将更加广阔。光纤通信技术的发展,为海底光缆通信提供了技术、物质等方面的基础。海底光缆通信方式普及之时,将使跨国、越洋电话、通信十分便捷,使国际间的交往、信息传输彻底改观。

3.2　无线传输

与有线传输相比,无线传输具有许多优点,其中最重要的是它的灵活性。无线信号可以从一个发射器发出,被多个接收器接收,而中间无需经过电缆。

3.2.1　水下无线传输技术的发展

随着世界经济和军事发展的需求,海洋资源开发、海洋能源利用等现代海洋高新技术研究已成为世界新科技革命的主要领域之一,其中水下无线通信网络关键技术与装备已成为各海洋大国不遗余力进行研究的主要对象。

目前,国内外纷纷从水声通信网络的体系结构、节点构造、网络协议等方面展开研究,其中尤其以兼具水下监测功能的水下传感器网络的研究项目最为普遍。AOSNs 开始自1990 年初,是一个以 AUV 作为移动传感平台的智能水下采集网络项目,其目的是为大面积的沿海海洋监测测试各种尖端的方法和技术。AOSNsII 项目则侧重于使用更多种不同类型的浮标、潜标、AUV、水下滑翔机等设备在水下组成一个自组织网络来控制水下设备进行自适应采集数据。DADS 是一个长期性、探索性研究项目,目的是研究开发一套可从多个平台部署的、携带低功耗、低成本微型声、电磁传感器的水下节点,通过自组织技术组成一个水下无线网络。SEAWEB 项目重点研究具有通信和导航功能的水下网络系统,已经进行了很多次的海试。这些典型的水下无线网络均以水声通信为主。在水下射频通信方面,国内外还没有进行组网实验,但国外已有相关的设备。2006 年 6 月,Wireless Fibre Systems 发布了首款水下射频调制解调器 S1510,利用几千赫兹以下的频率,在水中以 100 bit/s 的速度通信 30 m;2007 年 1 月,发布了宽带水下射频调制解调器 S5510,利用 100～200 kHz 的频率,在 1 m 的范围内,数据传输率达到了 1～10 Mbit/s;在 10 m 的范围内,数据传输率达到了 100 kbit/s。在水下无线光通信网络方面的研究,无论是设备还是网络都还处于起步阶段。

目前,凭借传输距离远、性能可靠等优点,水声通信仍然牢牢占据着水下无线通信技术的主导地位。但是,声波仍然具有速度慢,高延时,带宽窄,多途效应明显等缺陷。同时,电磁波在海水中传播时,其能量会急剧衰减,而且频率愈高,衰减愈快,这使得水下无线射频通信方式在各类小型探测仪器设备上的使用变得非常困难。与声频、射频信号相比,光波频率更高,其承载信息的能力也更强,更易于实现水下大容量的数据传输。另外,无线光学通信具有不易受海水温度和盐度变化影响等特点,抗干扰能力强;而且,光波相较于声波而言,具有更好的方向性。然而,光束在海水中的传输远比在大气中所受影响复杂得多,要受海水中所含水介质、溶解物质和悬浮物等物质成分的影响,而且传输距离较声波要短得多。

3.2.2　海洋无线通信技术

与海洋相关的比较成熟的无线通信技术包括以下几种:

1. 无线电

无线电是指在所有自由空间(包括空气和真空)传播的电磁波。

(1)电磁波的产生:当导体中通过迅速变化的电流时,导体就会向它周围的空间发射电磁波。

(2)电磁波的传播:电磁波的传播不需要介质,可以在真空中传播,也可在介质中传播。无线电通信中使用的电磁波叫无线电波,是频率在一定范围内的电磁波。

(3)频率、波长、波速间的关系:电磁波在真空中传播的速度与光速相同,在空气中传播的速度和在真空中近似。频率、波长、波速三者间的关系为波速＝波长×频率(或波速＝波长/周期),用字母表示为 $v = \lambda f$(或 $v = \lambda/T$)。

(4)海洋电磁波:海洋中主要的天然电磁场是地磁场,而占据地磁场 99% 以上的主磁场,几乎全部起因于地核。

另外,地球大气电离层中发生的各种动力学过程,包括来自太阳的等离子流和地球磁圈及电离层的相互作用,不断产生频率范围很宽的电磁波。其中的周期为数分钟以上的,能够穿过海水而达到海底,再穿过海底沉积层,达到上地幔岩石圈甚至更深处。

海水和海底接触处的电化学过程,岩石中的渗透过程,及海水在岩石中的扩散作用等物理作用和化学作用,在海洋中也能产生电场,其强度可达 100 微伏/米。在浮游植物和细菌的聚集区,也发现有生物电场。

海水的各种较大尺度的运动,如表面长波、内波、潮汐和海流等,都能感应出相应的电磁场。研究海水各种尺度运动所产生的感应电磁场,探求测量它们的方法,进而通过电磁测量来了解海水的各种运动,也是海洋电磁学研究的一个重要方面。

2. GPRS

GPRS 是通用分组无线服务技术(General Packet Radio Service)的简称,它是 GSM 移动电话用户可用的一种移动数据业务。GPRS 可以说是 GSM 的延续。GPRS 和以往连续在频道传输的方式不同,是以封包(packet)式来传输,因此使用者所负担的费用是以其传输资料单位计算,并非使用其整个频道,理论上较为便宜。GPRS 的传输速率可提升至 56 甚至 114 Kbps。

GPRS 网络主要实体包括 GPRS 骨干网、GGSN、SGSN、本地位置寄存器 HLR、移动交换中心(MSC)、拜访位置寄存器(VLR)、移动台、分组数据网络(PDN)、短消息业务网关移动交换中心(SMS.GMSC)和短消息业务互通移动交换中心(SMS.IWMSC)等。

GPRS 通信是目前陆地无线通信技术发展成熟的结果,其覆盖区域广、传输稳定、费用相对较低。GPRS 通信依托移动网络基站的覆盖范围,由于在海洋中并没有基站的部署,使得远离海岸的海洋传感数据无法通过 GPRS 方式进行通信。

3. 海岸 3G 网络

3G 是第三代移动通信技术,是指支持高速数据传输的蜂窝移动通信技术。

随着现代通信技术的迅速发展,无线通信也从固定方式发展为移动方式。通过信息化可以开创新的管理方式、工作方式、金融方式以及消费与生活方式。移动通信技术在信息技术、市场需求及竞争的影响下取得了迅猛发展。

移动通信的发展经历了四代:第一代移动通信技术是 20 世纪 70 年代末出现的模拟系统对应的接入技术。如蜂窝移动电话、无线寻呼等,这类通信只能进行语音通话;20 世纪 80 年代末开发的数字蜂窝、高速无线寻呼等为第二代移动通信技术(2G),增加了接收数据功能,如接收电子邮件或网页;第三代移动通信技术(3G)是在 2G 的基础上进行的改进,主要是在数据传输速度上的提升,还能处理音乐、视频等多种媒体形式。第四代(4G)移动电话行动通信标准,指的是第四代移动通信技术。该技术包括 TD‐LTE 和 FDD‐LTE 两种制式(严格意义上来讲,LTE 只是 3.9G,尽管被宣传为 4G 无线标准,但它其实并未被 3GPP 认可为国际电信联盟所描述的下一代无线通信标准 IMT—Advanced,因此在严格意义上其还未达到 4G 的标准。只有升级版的 LTE Advanced 才满足国际电信联盟对 4G 的要求)。4G 是集 3G 与 WLAN 于一体,并能够快速传输数据、高质量、音频、视频和图像等。4G 能够以 100 Mbps 以上的速度下载,比目前的家用宽带 ADSL(4 兆)快 25 倍,并能够满足几乎所有用户对于无线服务的要求。此外,4G 可以部署在 DSL 和有线电视调制解调器没有覆盖的地方,然后再扩展到整个地区。很明显,4G 有着不可比拟的优越性。

由国际电信联盟确定的三大主流无线 3G 接口标准分别是:码分多址 2000(Code Division Multiple Access 2000,CDMA2000)、宽带码分多址(Wideband Code Division Multiple Access,WCDMA)和时分同步码分多址接入(Time Division Synchronous Code Division Multiple Access,TD‐SCDMA)。2007 年 10 月,WiMAX(Worldwide Interoperability for Microwave Access)确立为 3G 第四大国际标准。

我国 3G 的发展历程大致如下:2000 年 5 月,我国提交的 TD‐SCDMA 经国际电信联盟宣布正式成为国际标准。2004 年 3 月,开启 WCDMA、CDMA2000 和 TD‐SCDMA 的测试工作,由 6 大运营商分别在北京、上海等地进行。2009 年 1 月,中国移动、电信和联通分别获得 TD‐SCDMA、CDMA2000 和 WCDMA 的营业牌照。随着 3G 牌照的发放,标志着我国正式进入 3G 时代,该年被称为"中国的 3G 元年"。

4. 卫星通信

卫星通信利用人造地球卫星作为中继站来转发无线电波,从而实现两个或多个地球站之间的通信。

卫星通信系统包括通信和保障通信的全部设备。一般由空间分系统、通信地球站、跟踪遥测及指令分系统和监控管理分系统等四部分组成:

(1) 跟踪遥测及指令分系统。跟踪遥测及指令分系统负责对卫星进行跟踪测量,控制其准确进入静止轨道上的指定位置。待卫星正常运行后,要定期对卫星进行轨道位置修正和姿态保持。

(2) 监控管理分系统。监控管理分系统负责对定点的卫星在业务开通前、后进行通信性能的检测和控制,例如卫星转发器功率、卫星天线增益以及各地球站发射的功率、射频频率和带宽等基本通信参数进行监控,以保证正常通信。

(3) 空间分系统(通信卫星)。通信卫星主要包括通信系统、遥测指令装置、控制系统和电源装置(包括太阳能电池和蓄电池)等几个部分。通信系统是通信卫星上的主体,它主要包括一个或多个转发器,每个转发器能同时接收和转发多个地球站的信号,从而起到中继站的作用。

(4) 通信地球站。通信地球站是微波无线电收、发信站,用户通过它接入卫星线路,进行通信。

同时,卫星通信与其他通信方式相比较,有以下几个方面的特点:

一是通信距离远,且费用与通信距离无关。利用静止卫星,最大的通信距离达 18 100 km 左右。而且建站费用和运行费用不因通信站之间的距离远近、两通信站之间地面上的自然条件恶劣程度而变化。这在远距离通信上,比微波接力、电缆、光缆、短波通信有明显的优势。

二是广播方式工作,可以进行多址通信。通常,其他类型的通信手段只能实现点对点通信,而卫星是以广播方式进行工作的,在卫星天线波束覆盖的整个区域内的任何一点都可以设置地球站,这些地球站可共用一颗通信卫星来实现双边或多边通信,即进行多址通信。另外,一颗在轨卫星,相当于在一定区域内铺设了可以到达任何一点的无数条无形电路,它为通信网络的组成,提供了高效率和灵活性。

三是通信容量大,适用多种业务传输。卫星通信使用微波频段,可以使用的频带很宽。一般 C 和 Ku 频段的卫星带宽可达 500~800 MHz,而 Ka 频段可达几个吉赫兹(GHz)。

四是可以自发自收进行监测。一般,发信端地球站同样可以接收到自己发出的信号,从而可以监视本站所发消息是否正确,以及传输质量的优劣。

五是无缝覆盖能力。利用卫星移动通信,可以不受地理环境、气候条件和时间的限制,建立覆盖全球性的海、陆、空一体化通信系统。

六是广域复杂网络拓扑构成能力。卫星通信的高功率密度与灵活的多点波束能力加上星上交换处理技术,可按优良的价格性能比提供宽广地域范围的点对点与多点对多点的复杂的网络拓扑构成能力。

七是安全可靠性。事实证明,在面对抗震救灾或国际海底光缆的故障时,卫星通信是一种无可比拟的重要通信手段。即使将来有较完善的自愈备份或路由迂回的陆地光缆及海底光缆网络,明智的网络规划者与设计师还是能够理解卫星通信作为传输介质应急备份与信息高速公路混合网基本环节的重要性与必要性。

卫星数据传输方式具有传输距离远、覆盖面广的优点,但目前国内的海洋卫星主要集中于海色海浪的检测分析,没有海洋通信卫星。国际上应用最广的是铱星卫星通信系统,可以提供无手机信号覆盖海域的稳定的无线通信。然而,海洋传感数据的数据量一般较大,高昂的卫星通信费用限制着海洋传感数据的大量传输,且较低的数据通信率也无法满足数据的实时传输。

国内外目前研究的海洋数据无线通信系统大多以卫星为依托,传输速度慢、功耗高,并且采用的通信协议只包括单一的中继转发功能,并没有把设备进行组网。未来海洋调查方式将趋向于浮标设备多样化、浮标多功能化,这都要求有一种自由灵活无线通信系统保证海洋数据的传输。如何利用无线模块以及嵌入式开发构造低功耗、高速率、灵活自由的无线通信系统,将成为未来海洋无线数据传输的主要研究方向。

第 4 章 海洋信息处理技术

海洋数据资料浩如烟海,它涵盖了海底地形数据、海洋遥感资料、船测数据、浮标资料、模式同化资料等诸多方面。这些海洋数据资料具有海量性、多类性、模糊性及时空过程性等特点,原始的海洋数据资料不能直接用于分析和挖掘,因此在对数据进行挖掘前要预先对数据进行清洗、转换、选择等预处理。其后的海洋数据挖掘,常用的算法有回归算法、统计分析、聚类分析、关联规则挖掘等。关联数据挖掘是能够有效地发现数据潜在的规律;聚类分析是一种不依赖于预先定义的类和带类标号的训练数据的非监督学习,实现了在未知类别标签样本集的非监督学习,回归分析是一个统计预测模型,用以描述和评估应变量与一个或多个自变量之间的关系。本章主要介绍海洋数据特征和海洋数据处理及挖掘技术的基本原理和方法。

4.1 海洋数据特征

海洋是一个动态的、连续的、边界模糊的时空信息载体。随着探测设备和信息技术的不断发展,海洋数据获取手段日益增多,海洋信息获取的速度和精度也在不断提高,获取的海洋数据量越来越大,海洋数据已经呈现出海量特征;海洋数据获取手段的多样化以及海洋观测要素的多元化,使得海洋数据类型呈现出多类性特征;同时,海洋时刻处于一个动态变化的过程中,它和大气、陆地密切相关,海洋数据表现为强时空过程性。海洋数据的海量性、多类性、模糊性、时空过程性等特征,使得海洋数据成为大数据的典范。

4.1.1 海量性

海洋数据主要通过陆地,海面,海底,水下,航空航天等多种监控和监测设备获取,是大量不同历史、不同尺度、不同区域的数据的积累。早期由于技术手段的匮乏、投入少等原因,海洋环境调查多以年、月为周期,数据量相对较少。近年来,随着各种长期定点观测设备的使用,大量专项调查的开展,特别是"空、天、地、底"海洋立体观测技术的飞速发展,数据采集周期逐渐缩短,催生了高精度、高频度、大覆盖的海洋数据,数据量从 GB、TB 到 PB 量级,呈指数级增长,而其中遥感和浮标成为海洋数据"量"急剧增长的主要获取手段。

4.1.2 多类性

海洋数据资料的来源非常广泛:主要包括海洋调查、观测、检测、专项调查、卫星遥感、其他各专项调查资料,以及国际交换资料等,这些资料的质量和精度等相关技术类数据信息又各不相同,包括监测方法、数据提取方法与模型、技术指标、仪器名称及参数、鉴定分析和测试方法、订正与校正方法及所涉及的相关技术标准等。而通过各种专业手段获取的各类海洋基础性数据又分属不同学科,主要包括海洋水文、海洋气象、卫星遥感、海洋化学、海洋生物、海洋地质、海洋地球物理、海底地形、人文地理、海洋经济、海洋资源、海洋管理等。另外,在国家海洋灾害和环境监测体系中,国家海洋局所属海洋环境监测机构90多个,包括国家中心、海区中心、中心站、海洋站等各级机构。沿海地方所属海洋环境监测机构共有130多个,包括省级、单列市、地市级、县级等各级机构。全国沿海各地分布着1 000多个监测站位,我国海洋系统不同的单位和部门业已形成了多种多样的数据环境,如各类数据文件、操作型数据库(或称应用数据库)以及不甚规范的主题数据库(或称专题数据库、专业数据库)等,这些现实问题导致海洋数据的类型呈现多样化特点。

海洋数据常见的分类主要包括:海洋遥感数据,海洋水温数据,海洋气象数据,海洋化学数据以及海洋生物数据等多种类型。每种海洋数据又包括多种属性元素和数据格式,以海洋化学数据为例:其包含有溶解氧,溶解氧,pH值,总碱度,活性磷,活性硅酸盐,磷酸盐,硝酸盐,亚硝酸盐,硫化物,有机污染,重金属,营养元素等多种属性元素。其属性数据又分为多种格式,如:excel格式,mdb格式,csv格式,xml格式等。可见海洋数据的属性元素种类繁多,格式多样,并且彼此之间相互依赖,相互影响,共同决定着数据质量的优劣。

4.1.3 模糊性

海洋数据的模糊性主要表现在概念和边界界定上。首先,由于海洋现象具有动态性,有些定义无法像陆地那么明确,由此从概念上就产生了模糊性。其次,海洋环境中各种水体边界往往是渐变的,与此相应的,要素分布也是一个渐变的过程,海洋中地理区域诸如海陆交接的海滨湿地、海岸带、领海界线、大陆架等界线无法像陆地区界线那样精确和清晰,同样环境分级界限都具有一定的模糊性。若人为划分出区域边界,似乎是给出了精确的边界,实质是给出了不精确的描述。并且这一渐变过程既表现在空间维度上,也表现在时间维度上,往往无法用人为划定的确切边界处理。

4.1.4 时空过程性

海洋相对于陆地而言,更加强调过程。海洋数据的时空过程性主要体现在海洋现象方面。海洋现象的时空过程性不但存在于一定的空间范围内,还在时间上具有一定的持续性,不同时态的特征是不同的,在海洋现象中,不同时刻的特点是不同的,有些特征会发生变化,以漩涡为例,上一时刻与下一时刻其漩涡中心、漩涡边界、漩涡面积等都可能会发生变化。海洋环境数据的时空过程性在海洋研究中占据着非常重要的地位。

每一个海洋监测要素具有确定的位置信息才有其应用的价值。地球海洋面积广阔,从近海到大洋,从南极到北极,海洋数据所涉及的范围具有全球性。例如:对于水温这一监测要素,针对海洋中处于不同深度的水温使用不同的监测仪器进行采集,如水上传感器测量的是海水表面的温度,水下传感器测量的是海洋中某一深度的海温;对于海水中不同深度的水压也不同;不同位置的海洋地形地貌也不同。由此可见,海洋数据不具有稳定的生产环境,不同的空间位置的同一监测要素的值有所不同,因此,海洋数据具有较强的空间性。

4.1.5　动态更新频繁

近 30 年来,在国内外先进技术的推动下,海洋卫星、浮标、台站、航空遥感等各类观测平台被广泛应用于海洋数据获取,新型的采集手段和技术的使用极大地提高了海洋数据获取的时效性,数据采集周期逐渐缩短,由过去的多年或一年采集一次,逐渐发展为以每日、每小时,每分钟甚至是秒来作为采集单位计量,使得海洋数据库中的信息不断变化,数据的更新也变得日益频繁。海洋数据的监测频率逐渐缩短,甚至可以达到全天候的监测。随着遥感技术在海洋监测领域的应用,数据采集的周期逐步减小,甚至达到全天候的每分钟一次。

4.2　海洋数据预处理

通过海洋数据预处理工作,可以使残缺的数据完整,将错误的数据纠正,将多余的数据去除,将所需的数据挑选出来并且进行数据集成,将不适应的数据格式转换为所要求的格式,还可以消除多余的数据属性,从而达到数据类型相同化、数据格式一致化、数据信息精练化和数据存储集中化,提高数据质量,提高数据服务精度和决策准确度。总而言之,经过预处理之后,不仅可以得到挖掘系统所要求的数据集,而且,还可以尽量地减少应用系统所付出的代价和提高知识的有效性与可理解性。

4.2.1　数据清洗

数据清洗,就是通过分析"脏数据"的产生原因和存在形式,利用现有的技术手段和方法去清洗"脏数据",将"脏数据"转化为满足数据质量或应用要求的数据,从而提高数据集的数据质量。数据清洗主要利用回溯的思想,从"脏数据"产生的源头上开始分析数据,对数据集流经的每一个过程进行考察,从中提取数据清洗的规则和策略。最后在数据集上应用这些规则和策略发现"脏数据"和清洗"脏数据"。这些清洗规则和策略的强度,决定了清洗后数据的质量。具体的数据清洗方法包括填补缺失数据、消除噪声数据等。

国外对数据清洗技术的研究,最早出现在美国,是从对全美的社会保险号错误的纠正开始的。美国信息业和商业的发展,刺激了这方面技术的研究。研究内容主要涉及以下几方面:

（1）对数据集进行异常检测。主要有下列方法：采用统计学的方法来检测数值型属性；计算属性值的均值和标准差；考虑每一个属性的置信区间来识别异常属性和记录。

（2）识别并消除数据集中的近似重复对象，也就是重复记录的清洗。它在数据库环境下特别重要，因为在集成不同的数据时会产生大量的重复记录。

（3）对缺失数据的清洗，研究者大多采用最近似的值替换缺失值的方法，包括贝叶斯网络、神经网络、k-最临近分类、粗集理论等，这些方法大都需要判断缺失记录与完整记录之间的记录相似度，这是其核心问题。

4.2.2　数据转换

数据转换是用一种系统的数据文件格式读出所需数据，再按另一系统的文件格式将数据写入文件。但从根本上讲，系统之间的数据格式转换是系统数据模型之间的转换。两系统能否进行数据转换以及转换的效果如何，从根本上取决于两模型之间的关系。若模型之间差别较大，在转换过程中则必然会导致信息的丢失，在这种情况下，系统之间不适于进行数据格式转换。因此，对海洋数据的描述是实现空间数据转换的前提。将所用的数据统一存储在数据库或文件中形成一个完整的数据集，这一过程要消除冗余数据。主要是对数据进行规格化（normalization）操作，如将数据值限定在特定的范围之内。对于某些应用模式，需要数据满足一定的格式，数据转换能把原始数据转换为应用模式要求的格式，以满足需求。

（1）简单函数变换。这种形式的数据变换只需要对每个属性值应用简单的数学函数即可。在统计学中，数据变换特别是开方、求倒数等都经常用于把非高斯分布的数据转换为高斯分布数据。在应用简单函数变换时应该谨慎，因为有时会改变数据的原有特性。

（2）规范化。通过将属性数据按比例缩放，使之落入一个小的特定区间，如[0，1]。对于分类算法，如涉及神经网络的算法或诸如最临近分类和聚类的距离度量分类算法，规范化特别有用。对于基于距离的方法，规范化可以帮助防止具有较大初始值域的属性与具有较小初始值域的属性相比，权重过大。有许多数据规范化的方法，如：最小—最大规范化、z-score规范化和按小数定标规范化等。

4.2.3　数据选择

把那些不能够刻画系统关键特征的属性剔除掉，从而得到精练的并能充分描述被应用对象的属性集合。对于需要处理离散型数据的挖掘系统，应该先将连续型的数据量化，使之能够被处理。

（1）高维数据的降维处理。主要采用删除冗余属性的方法，若用手工方法去除冗余属性就需要用到专家知识。通常使用属性子集选择方法，包括逐步向前选择法、逐步向后删除法、判定树归纳法等。

（2）从数据集中选择较小的数据表示形式来减少数据量，需要用到数值归约技术，主要采用的直方图、聚类等技术。

（3）离散化技术减少给定连续属性值的个数。这种方法大多是递归的，大量的时间花在每一步的数据排序上。

4.3　海洋数据挖掘与分析

海洋数据具有海量、多类、模糊等特性，目前，面向海洋数据的存储、分析和处理能力滞后于观测技术的发展。"大数据，小知识"的矛盾严重影响着海洋数据应用的时效性和准确性，限制了海洋数据最大应用价值的挖掘，因此，迫切需要结合数据挖掘与分析技术，实现对海洋温度、盐度、水文等海洋数据的挖掘服务，从而发现潜在信息。

4.3.1　回归预测

预测型挖掘就是由历史数据和当前数据来推测出未来数据的一种挖掘方式。统计学中的回归方法可以通过历史数据直接产生对未来数据的预测的连续值。

回归分析（regression analysis），是一个统计预测模型，用以描述和评估应变量与一个或多个自变量之间的关系。回归分析预测法，是在分析自变量和因变量之间相互关系的基础上，建立变量之间的回归方程，并将回归方程作为预测模型，根据自变量在预测期的数量变化来预测因变量，它是一种具体的、行之有效的、实用价值很高的常用预测方法。回归分析预测法有多种类型。依据相关关系中自变量的个数不同分类，可分为一元回归分析预测法和多元回归分析预测法。

观测的海洋数据会受到多种不确定因素的影响，在某一地点和某段时间的确定性关系几乎不可能得到，但可以对大量数据进行统计分析，建立不同变量之间的回归方程，这样近似地描述变量之间的关系。

常用的回归预测方法包括：直线拟合、曲线拟合、多项式回归等，可以根据情况选取一种或者多种分析方法，对比分析结果，选择拟合效果好的分析方法。

1. 直线拟合

直线拟合，也称为一元线性回归，用来处理两个变量的关系。如果通过观测数据的分析，发现两个变量呈现线性关系，则可以用一元线性方程来表示。一元线性回归是最基本的也是用得最多的回归方法。

建立 Y 对 X 的回归直线方程：$Y = aX + b$，b 为回归直线在 y 轴上的截距，a 为直线的斜率，也称为回归系数。只要根据 X 与 Y 求出 a 和 b 的值，这条直线就能确定。观测数据越集中在这条直线的周围，直线拟合的效果越好。常使用最小二乘法来确定一元线性方程。

2. 曲线拟合

海洋观测要素容易受到很多因素的影响，不一定都符合直线关系，有些情况下用某种类型的曲线拟合效果反而更好。曲线拟合首先需要根据绘制的散点图，选取适合的曲线，然后根据测量数据进行参数估计,最后对结果进行检验。

3. 多项式拟合

曲线拟合需要将曲线转化为直线,但有些曲线并不能通过变量替换直线化,这时就需要多项式拟合。假设变量之间满足 k 次多项式,在 x_i 处的 y_i 值的随机误差为 δ,可得出 Y 与 X 的多项式回归模型为:

$$y_i = \beta_0 + \beta_1 x_i + \beta_2 x_i^2 + \cdots + \beta_p x_i^k + \delta$$

通过将 x^p 替换成 z^p,可以将多元多项式回归转化成多元线性回归问题求解。

4.3.2　统计分析

海洋要素的具体属性随着时间变化而变化,一段时间内的海洋要素变化的集合称为总体,而通过仪器所得到的实测数据只是总体的一个样本而已。为了研究实测数据所包含的规律,需要统计样本的数字特征。

1. 位置特征量

海洋观测数据样本会分布在一定范围内,比如南海表层水温一般分布在 $23 \sim 28℃$ 之间,但人们有时会更加关心样本数据集中分布在什么位置,可以使用平均值、众数和中位数等位置特征量来表示。

平均值与数学期望既有联系又有区别。数学期望表示随机变量所有可能值的平均值,不会随着观测次数的变化而变化,代表了随机变量本身的固有属性;平均值表示若干次测量值的平均结果,会随着测量次数的变化而变化,如果样本观测次数足够大,也可以把均值看作该样本的数学期望的估计值,平均值具有稳定性,是数学期望的无偏估计量。海洋要素的平均值含义很广泛,从时间上可分为日平均、月平均、年平均和累年平均值等,从空间上可分为垂直平均、断面平均和某海区的大面平均等。平均值的计算方法包括算数平均值、加权平均值和矢量平均值等。

2. 离散特征量

位置特征量还不能反映出数据序列的全部特征,比如数据集中的位置等,有时尽管两组数据列的平均值相等,但数据离散程度却差别很大,这时就需要引入离散特征量,离散特征量包括极差、距平、平均差和方差等。

3. 相关系数

海洋测量要素之间彼此存在某种联系,需要进行相关分析,建立不同要素之间函数关系式,这样就可以根据一个或多个变量来预测另外一个变量,相关系数是表示两种要素之间相关程度的特征量。

4.3.3　聚类分析

聚类分析(Clustering Analysis)又称为群分析、点群分析、簇分析、簇群分析,它是研究样品(或变量)分类问题的一种多元统计方法。为了将样品(或变量)进行分类,就需要研究样品之间关系。目前用得最多的方法有两个:一种方法是用相似系数,性质越接近的样品,它们的相似系数的绝对值越接近 1,而彼此无关的样品,它们的相似系数的绝对值越接近零。比较相似的样品归为一类,不怎么相似的样品归为不同的类。另一种方法是将一个样品看作 P 维空间的一个点,并在空间定义距离,距离越近的点归为一类,距离较远的点归为不同的类。

由于不同的地理位置、地貌形势和气候条件形成了不同海洋环境,又由于这些不同地方的地理、地貌和气候的结合,使不同地域的海洋环境可能呈现出相同或相似的特征,找到这些相同或相似的海洋环境和区域、特别对这种现象做出合理的解释,对于海防和海洋环境建设具有重要意义。而这同样也不是对数据库的简单查询能够实现的。为支持这类高级应用,将引入数据挖掘和模式识别技术中的聚类分析方法。

在海洋数据库中,根据某一海域的海洋数据进行聚类分析,不仅能够找到具有相同或相似海洋环境的区域(被聚集在同一个类中),而且通过被聚集在同一个类的这些区域数据的分析,可以对这一现象做出科学的解释。

针对海洋数据库,聚类分析研究内容包括:

(1) 基于同类数据的聚类分析。针对此内容,每个对象的属性将是地球物理数据各要素,水文数据各要素,环境数据各要素,底质数据各要素或悬浮体数据各要素。根据不同地域、不同海区的这些数据的相似性,发现具有相似信息的区域。

(2) 基于不同类数据的聚类分析。针对此内容,每个对象的属性将上述各类数据要素的综合以及相关的支撑数据要素,根据不同地域、不同海区的这些数据的相似性,发现具有相似信息的区域。

(3) 异常海域地区的发现。前面两项研究的目的是找到具有相似特征的海域,而本项研究内容是发现具有异常特征的海域。

(4) 研究各类数据对聚类结果的影响。针对此内容,将研究每个对象包含或不包含哪些属性将产生何种聚类结果,从而发现某类(些)数据对于某个海区的影响程度。

4.3.4　关联规则挖掘

关联规则可提供许多有价值的信息,关联规则挖掘需要事先指定最小支持度与最小置信度。关联规则挖掘可以使我们得到一些原来不知道的知识,体现了数据中的知识发现。关联规则挖掘的通常方法是:首先挖掘出所有的频繁规则(满足最小支持度),再从得到的频繁规则中挖掘强规则(同时满足最小支持度与最小置信度)。关联规则挖掘的任务是挖掘出数据集中所有强规则。强规则 $X \Rightarrow Y$ 对应的项集$(X \cup Y)$必定是频繁项集,频繁项集$(X \cup Y)$导出的关联规则 $X \Rightarrow Y$ 的置信度可由频繁项集 X 和$(X \cup Y)$的支持度计算。

海洋数据库中存储了大量的数据,这些数据表征了不同时期、不同地域的海洋环境。

但是,这些数据之间有什么内在联系? 某些数据的产生是否受到其他数据的影响? 影响程度如何? 这个问题显然不是简单的查询能够获得的。为支持这类高级应用,将引入数据挖掘技术的关联规则挖掘方法。

关联规则挖掘的应用,可以支持海洋环境的多种关联分析,如相同地域相同时间、不同地域相同时间、相同地域不同时间、不同地域不同时间等各种因素的关联关系。与简单的关联规则挖掘方法不同,支持海洋数据库高级应用的关联规则挖掘涉及多表关联,因此,数据预处理及挖掘过程更加复杂。

针对海洋数据库,其关联规则挖掘研究内容包括:

(1) 海洋各要素之间的关联规则挖掘。关联规则表达式中的 X 和 Y 均为海洋测量要素,关联规则挖掘将发现各海洋测量要素之间的关联关系。如悬浮体浓度对数和浊度对数之间存在一定的线性关系,海洋关联规则挖掘就是要从多要素、海量的海洋数据中发现要素之间可能存在的关联关系,在此基础上可利用相关、聚类、回归等方法进行深入分析和解释,从而达到知识发现的目的。

(2) 海洋空间与时空关联规则挖掘。空间关联规则挖掘是发现在一定条件下空间某类事件发生与另一类事件发生的关联关系。海洋空间关联规则挖掘用于发现海区内海洋数据在何种条件下导致其他海洋数据或特征的变化。如:海区的污染程度与该海区的水文、气象、生物等因素的关系;海区的自然环境与生物资源量之间有什么联系;自然环境和生物的存在与变迁与海洋灾害之间有什么关系。

若增加时间条件,则为时空关联规则挖掘,即挖掘海洋环境变化的时空耦合性,如赤道东太平洋海表温度的升高导致东亚降雨的变化。

(3) 海洋数据与相关支撑信息的关联规则挖掘。关联规则的 X 中的各项为海洋数据的各要素,而 Y 中各项则为人文、遥感、灾害等与海洋相关的支撑数据,X 与 Y 反之亦成立。关联规则挖掘将分析这些海洋数据与相关支撑数据属性之间的关联关系。

第5章 海洋信息系统的设计与实现

随着21世纪"数字海洋"战略的提出,地理信息系统作为对蕴含空间位置信息的数据进行采集、存储、管理、分发、分析、显示和应用的通用技术以及处理时空问题的有力工具,越来越被海洋领域的专家所关注,海洋信息系统研究理论和技术得以大力发展。将地理信息系统在数据结构、系统组成、软件功能等方面进行一系列改造,使之适应海洋的特点,就成为了海洋信息系统。本章着重介绍了海洋信息系统的设计过程、实现过程以及地理信息服务和相关可视化技术。

5.1 海洋信息系统的设计

5.1.1 需求分析

需求分析是信息系统软件工程中非常重要的第一步,直接关系到信息系统后继工程的进行以及最终的软件产品能否满足客户的需求,因此需求分析在整个软件工程中起着关键性的作用。从以往的经验来看,需求分析中的一个小的偏差,就可能导致整个项目无法达到预期的效果,或者说最终开发出的产品不是用户所需要的。何谓软件需求分析?先举个例子来说明,对于建造房子这个问题相信大多数人都知道,用户要建一幢房子,建房者一定会与用户详细讨论各种细节,楼层高多少? 构架如何? 图纸样式等。每个环节都有详细的过程文档,双方都明白假如完工后修改带来的损失以及变更细节的危害性。同样在软件需求分析中也需要有详细的文档,软件开发者要从用户的业务中提取出软件系统能够帮助用户解决的业务问题,通过对用户业务问题的分析,规划出开发者的软件产品。这个步骤是对用户业务需求的一个升华,是一个把用户业务管理流程优化,转化为软件产品,从而提升管理而实现质的飞跃。这一步是否成功,直接关系到开发出来的软件产品能否得到用户认可,顺利交付给客户,客户能否真正运用开发者的产品帮助他解决业务或管理问题。

软件需求分析的任务不是确定系统怎样完成的工作,而是确定系统必须完成哪些工作,也就是对目标系统提出完整、准确、清晰、具体的要求。它所做的工作是深入描述软件的功能和性能,确定软件设计的限制和软件同其他系统的接口细节,定义软件的其他有效性要求。软件需求分析的任务就是借助于当前系统的逻辑模型导出目标系统的逻辑模

型,解决目标系统的"做什么"的问题。其实现步骤是:① 获得当前系统的物理模型;
② 抽象出当前系统的逻辑模型;③ 建立目标系统的逻辑模型;④ 对逻辑模型的补充。

需求分析实现的具体步骤如图 5-1 所示。

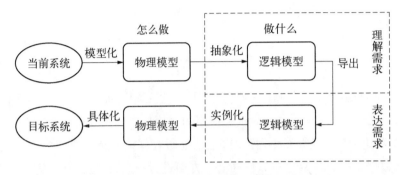

图 5-1　需求分析实现步骤

而海洋信息系统的需求分析则要根据不同海洋部门的具体需求入手,如为海洋环境
安全部门建立海洋灾害监测体系从而提供相应辅助决策服务、为海监执法部门提供准确
调查数据及其他相关数据从而确保准确执法;为海洋监管人员提供信息化监管等服务等。

1. 需求分析的过程

软件需求分析的过程具体可分为对问题的识别、分析与综合、制定规格说明书和评
审,如图 5-2。

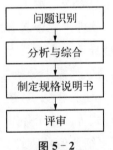

图 5-2
需求分析过程

(1)问题识别。是指系统分析人员研究可行性分析报告和软件项
目实施计划,确定目标系统的综合要求,并提出这些需求实现条件,以
及需求应达到的标准。相应的一个系统软件应有以下的需求:

功能需求:是最主要的需求,即说明软件应做什么,它列出了软件
在功能上必须完成的任务。

性能需求:给出所开发软件的技术性能指标,如存储容量限制、运
行时间限制、安全保密性等。

环境需求:软件系统运行时所处环境的要求,如硬件方面:机型、
外部设备、数据通信接口;软件方面:系统软件,包括操作系统、网络软件、数据库管理系
统方面;使用方面:使用部门在制度上,操作人员上的技术水平上应具备怎样的条件。

安全保密要求:软件运行在不同的环境中,对安全保密的要求是不同的,对那些保密
性安全性要求高的数据,需要在软件开发中进行严格的设计。如银行系统中,人们储蓄的
金额,企业贷款的金额不能随便给人查看、修改,否则就乱套了,会给银行带来灾难性的损
失。至于需要达到什么样的安全保密度,安全保密要求必须对这方面做出恰当的规定,使
软件的安全保密性能得到保证。

用户界面需求:以人为本的思想在现代社会中越来越受到人们的重视。在软件开发
行业中,具有友好界面的软件能使它具有很强的竞争力,所以在用户界面需求中必须对用

户界面做细致的规定,以达到客户满意的程度。试想,用户会不会选择一个界面很粗糙的、布局很不合理的软件来使用。

事实上,软件的需求有功能性需求和非功能性需求。功能性的需求,它描述了系统所应提供的功能和服务,而对于非功能性的需求也不能忽视;非功能性需求反映了软件的特性,包括产品的易用程度、响应时间、异常处理等。这些特性被称为质量属性或质量因数:按照用途,可分为三大类:操作、修改、转移。

表 5-1　考察质量因素的主要属性

（1）操作	正确性:系统中的错误数目。
	可用性:学习系统的容易程度,执行日常任务的有效程度等。
	有效性:也称为性能,它指系统响应的速度,使用资源的多少等。
	完整性:系统处理物理干扰、非法操作的好坏。
	可靠性:系统故障的额度。
（2）修改	可维护性:定位错误、修复的难易度。
	灵活性:扩充新特性的难易度。
	可测试性:测试系统的容易程度。
（3）转移	互操作性:系统与其他系统协同工作的难易度。
	可移植性:移植系统到新硬件平台或新软件的难易度。
	可重用性:把部分软件用于其他系统的难易度。

（2）分析与综合。这个阶段将对已收集的需求进行提炼、分析和审查,也就是对问题的分析和方案的综合,确保所有的需求含义都被理解,并找出可能错误、遗漏或不足的地方。

对需求进行提炼:分析员从数据流和数据结构出发,对系统功能逐步细化,找出系统各元素之间的联系、接口特性和设计上的限制,分析它们是否满足功能要求、性能需求、运行环境需求等。剔除不合理的部分,增加其需要的部分,最终综合成系统的解决方案,给出目标系统的详细逻辑模型。

对需求进行分析:分析和综合的工作必须反复进行,即分析员对问题和期望进行分析,综合出解决方案,再检查它是否符合要求,再进行修改,这样反复进行,直到双方(分析员和用户)都满意为止,即有把握正确制定出软件规格的说明书。

需求分析方法:常用的分析方法有面向数据流图的结构化分析方法(SA)、面向数据结构的 Jackson 方法(JSD)、面向对象的分析方法(OOA)、用于建立动态模型的状态迁移图或 Petri 网等,这些方法以图文结合的方式直观地描述了软件的逻辑模型。

（3）制定规格说明书。经过分析,下一步应该把分析的结果用正式的文档准确、清晰地记录下来,也就是需求规格说明书。说明书必须有对系统的功能和性能的描述,对系统的数据及处理数据的算法也应简略地描述;同时,还需要制定数据要求说明书和编写初步的用户手册,以便确切表达用户对软件的输入输出要求,着重反映被开发软件的用户界面和用户使用的具体要求。此外对所开发项目的成本与进度,可做出更准确的估计,从而修改、完善与确定软件开发实施计划。

(4)评审。这个阶段是对需求分析阶段工作的复查,应该对功能的正确性、完整性、清晰性给予评价。评审应有专人负责,评审结束后负责人签署评审意见,意见中通常可包括一些修改意见,分析人员需按这些意见对软件进行修改,再评审,通过才可以进入设计阶段,以此保证软件需求定义的质量。

2. 软件需求分析方法

软件需求分析方法很多,如传统方法、原型方法、模型驱动方法、面向数据结构的结构化数据系统开发方法等,选择哪种方法要根据哪些资源在什么时间对开发人员有效,不能盲目套用。这里着重阐述原型方法。

传统的软件工程方法强调自顶向下分阶段开发,要求在进入实际开发期之前必须预先对需求严格定义。但实践表明,在系统建立起来之前很难紧紧依靠分析就确定出一套完整、一致、有效的应用需求,并且这种预先定义的策略更不能适应用户需求不断变化的情况。由原型法应运而生,它一反传统的自顶向下的开发模式,是目前较流行的使用开发模式。

(1)原型法基本思想。原型法凭借着系统分析人员对用户要求的理解,在强有力的软件环境支持下,快速地给出一个实实在在的模型(或称原型、雏形),然后与用户反复协商修改,最终形成实际系统。这个模型大致体现了系统分析人员对用户当前要求的理解和用户想要希望实现后的形式。

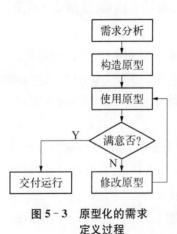

图 5-3 原型化的需求
定义过程

(2)原型定义的策略。原型方法以一种与严格定义法截然不同的观点看待需求定义问题。原型化的需求定义过程是一个开发人员与用户通力合作的反复过程。从一个能满足用户基本需求的原型系统开始,允许用户在开发过程中提出更好的要求,根据用户的要求不断地对系统进行完善,它实质上是一种迭代的循环型的开发方式,如图 5-3 所示。

(3)原型法的特点及优缺点。原型法的特点简要概括为:直观性、动态性、渐进明细性、严谨性。

原型法是一种循环往复、螺旋式上升的工作方法,它更多地遵循了人们认识事物的规律,因而更容易被人们掌握和接受。原型法强调用户的参与,特别是对模型的描述和系统需求的检验。它强调了用户的主导作用,通过开发人员与用户之间的相互作用,使用户的要求得到较好的满足。这样不但能及时沟通双方的想法,缩短用户和开发人员的距离,而且能更及时、准确地反馈信息,使潜在问题能尽早发现并及时解决,增加了系统的可靠性和适用性。

原型法是将系统调查、系统分析和系统设计合而为一,使用户一开始就能看到系统开发后是一个什么样子。而且用户参与了系统全过程的开发,知道哪些是有问题的,哪些是错误的,哪些需要改进等,就能消除用户的担心,并提高了用户参与开发的积极性。同时,用户由于参与了开发的过程将有利于系统的移交、运行和维护。

原型法贯彻的是"从下到上"的开发策略,它更易被用户接受。

首先,它是一种支持用户的方法,使得用户在系统生存周期的设计阶段起到积极的作用。

其次,它能减少系统开发的风险,特别是在大型项目的开发中,由于对项目需求的分析难以一次完成,应用原型法效果更为明显。

其三,原型法的概念既适用于系统的重新开发,也适用于对系统的修改。

其四,原型法可以与传统的生命周期方法相结合使用,这样会扩大用户参与需求分析、初步设计及详细设计等阶段的活动,加深对系统的理解。

(4) 使用原型法进行需求分析的流程主要有以下三点。

第一,快速分析,弄清用户的基本信息需求。需求分析原型法的第一步是在需求分析人员和用户的紧密配合下,快速确定软件系统的基本要求。也就是把原型所要体现的特性(界面形式、处理功能、总体结构、模拟性能等)描述出一个基本规格的说明。快速分析的关键是要选取核心需求来描述,先放弃一些次要的功能和性能。尽量围绕原型目标,集中力量确定核心需求说明,从而能尽快开始构造原型。

这个步骤的目标是要写出一份简明的骨架式说明性报告,能反映出用户需求的基本看法和要求。在该步骤中,用户的责任是先根据系统的输出来清晰地描述自己的基本需要,然后分析人员和用户共同定义基本的需求信息,讨论和确定初始需求的可用性。

第二,构造原型,开发初始原型系统。在快速分析的基础上,根据基本规格说明应尽快实现一个可运行的系统。原型系统可先考虑原型系统应必备的待评价特性,暂时忽略一切次要的内容。例如安全性、健壮性、异常处理等。如果这时为了追求完整而把原型做得太大的话,一是需要的时间太多,二是会增加后期的修改工作量。因此,提交一个好的初始原型需要根据系统的规模、复杂性和完整程度的不同而不同。

本步骤的目标是建立一个满足用户的基本需求并能运行的交互式应用系统。在这一步骤中用户没有责任,主要由开发人员去负责建立一个初始原型。

第三,用户和开发人员共同评价原型。此阶段是双方沟通最为频繁的阶段,也是发现问题和消除误解的重要阶段。其目的是验证原型的正确程度,进而开发新的原型并修改原有的需求。由于原型忽略了许多内容和细节,虽然它集中反映了许多必备的特性,但外观看起来还是可能会有些残缺不全。因此,用户可在开发人员的指导下试用原型,在试用的过程中考核和评价原型的特性,也可分析其运行结果是否满足规格说明的要求,和是否满足用户的愿望。并可纠正过去沟通交流时的误解和需求分析中的错误,增补新的要求,或提出全面的修改意见。

（5）采用原型方法时需要注意的几个问题：

● 并非所有的需求都能在系统开发前被准确地说明；

● 项目参加者之间通常都存在交流上的困难，原型提供了克服该困难的一个手段；

● 需要实际的、可供用户参与的系统模型；

● 有合适的系统开发环境；

● 反复是完全需要和值得提倡的，但需求一旦确定，就应遵从严格的方法。

3. 需求变更

在开发项目过程中，用户随时会提出一些新的需求，要求开发人员解决。这些需求的提出，有时在开发阶段中，有时在开发阶段后。这种在需求分析的两个相邻子阶段中，或者在迭代周期的需求分析中，后一段或周期的需求分析结果与前一次不一致，我们把这种不一致称为需求变更。

（1）产生需求变更的原因主要有以下几个方面：

在需求分析阶段，开发人员与用户的沟通不够。在需求分析阶段，开发方与用户没有很好的交流，开发方就根据用户提供的大概信息，自己推导出用户的需求。通过这种需求分析得出的需求往往会和用户的实际需求相差甚远，导致用户提出更改需求。

项目的实施周期过长。随着时间的推移，用户对整个系统的了解也越来越深入，他们会对模块的界面、功能和性能方面提出更高更多的要求。

技术更新过快。由于技术的快速更新，企业可能引进一些新的设备，而这些设备可能就会与我们的目标系统有直接的关系，由于这一变化可能发生在解决用户原先问题之前或者之中，那么开发人员不得不加入这一新的需求。

（2）为了尽可能地避免发生需求变更，以及保证需求分析的高稳定性，可以采用以下方法：

对开发人员进行专业培训。因为，开发人员对所开发系统的领域不一定了解，为了开发人员能更好理解用户的需求，在做需求分析的初始阶段对开发人员进行该领域相关知识的培训。

开发方与用户进行协作和交流。在用户提出需求变更时开发人员应该认真听取用户的要求并加以整理和分析，分析需求变更的原因并提出可行的替代方案，同时向用户说明这些需求变更会对整个项目的开发带来的不良后果。

合同约束。由于需求变更可能会对整个项目产生影响，所以，开发方和用户在签订项目合同时，可以对需求变更增加一些相关的合同条款。

建立需求文档并进行版本控制。需求分析的最终成果是一份客户和开发人员对所开发的产品达成共识的文档。有了这份文档，即使开发人员的角色有所变动，也不会对需求分析的前期工作有所影响。对每次的需求变更都用一个新的版本来标识。

需求评审和设立需求基线。为了让开发方详细了解用户的需求，让不同人员从不同的角度对需求进行验证,作为需求的提出者,在需求评审过程中,用户往往能提出许多有价值的意见。同时,也是用户对需求进行最后确认的机会,可以有效减少需求变更的发生。需求在通过正式评审和批准之后,应该确定需求基线。进一步的需求变更将在此基线的基础上,依照项目定义的变更过程进行。设置需求基线可以将变更引起的麻烦减至最小。

5.1.2　系统总体设计

系统设计的任务是将系统分析阶段提出的逻辑模型转化为相应的物理模型,其设计的内容随系统的目标、数据的性质和系统的不同而有很大的差异。一般而言,首先应根据系统研制的目标,确定系统必须具备的空间操作功能,称为功能设计;其次是数据分类和编码,完成空间数据的存储和管理,称为数据设计;最后是系统的建模和产品的输出,称为应用设计。系统设计是地理信息系统整个研制工作的核心。不但要完成逻辑模型所规定的任务,而且要使所设计的系统达到优化。所谓优化,就是选择最优方案,使地理信息系统具有运行效率高、控制性能好和可变性强等特点。要提高系统的运行效率,一般要尽量避免中间文件的建立,减少文件扫描的遍数,并尽量采用优化的数据处理算法。为增强系统的控制能力,要拟定对数字和字符出错时的校验方法;在使用数据文件时,要设置口令,防止数据泄密或被非法修改,保证只能通过特定的通道存取数据。为了提高系统的可变性,最有效的方法是采用模块化的方法,即先将整个系统看成一个模块,然后按功能逐步分解为若干个第一层模块、第二层模块等等。一个模块只执行一种功能,一个功能只用一个模块来实现,这样设计出来的系统才能做到可变性高、更具有生命力。

功能设计又称为系统的总体设计,它们的主要任务是根据系统研制的目标来规划系统的规模和确定系统的各个组成部分,并说明它们在整个系统中的作用与相互关系,以及确定系统的硬件配置,规定系统采用的合适技术规范,以保证系统总体目标的实现。因此系统设计包括:① 数据库设计;② 硬件配置与选购;③ 软件设计等。

海洋信息系统设计必须根据建立海洋信息系统的目的、任务和今后的研究方向进行。就其任务而言,可以抽象地分为四方面的内容;空间信息获取与管理;空间特征量测与分析;空间过程模拟与预测;时空规律的总结与应用。从这些任务出发,进行通用的海洋信息系统软件工具系统的设计、使其具有适应性强、易于掌握、便于推广和应用开发、汉化等特点。

软件设计是将所要编制的程序表达为一种书面形式。这种形式既可简单明了地描绘软件系统的全貌,又可以逐步精化,以便于程序编制的高效正确。同时又是一个程序修改完善、移植交流的工具。

1. 信息描述

海洋信息系统的数据流程通常是:数据通过输入编辑模块进入系统,经过人机交互编辑、拓扑关系生成、投影和格式转换,影像处理和信息提取等,形成完整的系统数据结构进入数据库。数据通过多种方式的查询检索,得到数据子集,用于模型分析,分析结果或查询检索结果进入输出编辑整饰后输出。

为便于软件设计和建立针对应用任务的实用系统,可将系统数据结构划分为两个层次,即外部数据格式(或逻辑数据格式)和内部数据格式(或物理数据格式)。外部数据格式面向用户,描述地图之间的逻辑联系,由用户建立应用系统时定义;内部数据格式面向程序设计,描述系统数据的物理存储结构和数据之间的拓扑关系、联结方式,在程序设计时确定。进入系统的数据有遥感影像数据、专题地图数据、栅格地图数据、台站观测数据、社会经济统计数据、文字报告数据、外部系统数据等。

在海洋信息系统中用数据字典来描述系统数据结构的意义、来源、管理方法与功能模块的联系、任务、用户权限等。

矢量数据的来源有三个:其一是专题地图内手扶跟踪数字化仪得到的标准矢量格式数据;其二是将遥感影像、系统操作结果得到的栅格图像等经过栅格向矢量的转换得到的数据;其三是由外部系统通信进入系统的矢量格式数据。矢量数据的系统模块主要用于图形输入、图形编辑、拓扑生成、格式转换、查询检索、指标量算、空间分析、符号编辑和矢量绘图等,其存取方法采用二进制直接存取方式,更新由矢量编辑和文件覆盖实现。

栅格数据可由遥感影像或其他外部栅格图像得到,也可由矢量向栅格转换(包括离散点插值拟合)或直接输入的栅格地图得到。涉及栅格格式的模块有格式投影转换、遥感影像处理、查询检索、数理统计、覆盖运算、逻辑分析、模型应用和点阵打印等。

属性数据主要是与专题地图有关的数量、类别、等级和描述性信息。除通过统计、观测等直接产生的属性数据外,还有些是由地图图例中提取编码得到的,有些通过信息系统模型操作得到的。有些是遥感影像分类提取后产生的。属性数据是 GIS 的重要组成部分,在属性支持下,图形不再是仅有几何意义的像元和因素,而是具有地理意义的地理实体,逻辑运算和地理分析、地理统计等,都是通过属性与图形的结合实现的。属性数据通过相应因素(点、像元、弧段、多边形等)编号与图形建立联系。

基于属性的数据库结构将系统数据库中的数据文件,按其在自然、社会和经济环境系统中的属性关系联系起来,支持一致性检索,多种查询检索和模型分析;其结构由用户在系统维护模块支持下定义。

关于系统的运行方式,是采用中西文菜单或命令方式驱动,部分查询和模型提供表界面,工作时,用户首先进入系统回答口令,然后通过数字化仪、键盘或通信方式录入编辑多种数据,建立应用数据库,通过检索和模型分析,得到欲输出的信息,经整饰和符号表示后输出。

对于用户的权限,一般说具有最高权限的是系统管理人员,可以进行包括数据更改和所有数据管理的工作,其他用户可根据其权限大小,查调和处理某些层次上的数据。权限大小由系统根据口令和文件密级检查断定。

还要注意系统的约定,例如规定矢量文件扩展名为 VEC;栅格文件名为 RAS;属性文件扩展名为 DBF;系统运行文件扩展名为 EXE 或 COM。图形坐标铀以左上角为坐标原点$(0,0)$,横向右为x,纵向下为y增大方向,即为左手旋转坐标系。系统运行中将产生部分中间辅助文件,如扩展名为 POS 的矢量格式文件的索引文件和扩展名为 ARC 的弧段信息文件等。

　　系统的外部要素主要包括系统用户、输入数据(影像、专题地图、文字描述等)、用户程序、操作系统和计算机硬件外设。系统内部要素主要由数据编辑、数据库管理、图像处理、模型分析和整饰输出等模块组成系统的接口方式包括矢量格式数据(V)、栅格(或游程长度编码)数据(R)、文本数据(A)、程序或命令调用(F)等。系统与用户接口以菜单、命令和程序方式实现;数据采集接口包括遥感影像接口、线划图输入接口(V)、网格图输入接口(R 或 V)、文本数据及属性数据接口(A)等,内部接口模块包括录入编辑—存储管理(V,R,A);录入编辑—图像处理(R,A);图像处理—存储管理(V,R,A);模型分析—存储管理(V,R,A);存储管理—整饰输出(V,R,A);模型分析—整饰输出(V,R,A)等。

　　2. 结构化的软件设计方法

　　结构化的程序设计方法是软件发展早期形成的,设计工作侧重于软件结构本身,力图通过以下三种准则,清晰地描述软件系统,并用于程序编制,其过程形式是:① 分清任务的执行顺序;② 明确任务执行条件和分支,即"如果……则……否则"结构;③ 重复执行某项任务直到定义的条件满足为止。

　　结构化程序设计中最重要也是最流行的方法是自顶向下逐步精化的顺序设计方法,也称 HIPO(Hierarchy Plus Input Processing Output)法。它将系统描述分为若干层次,最高层次描述系统的总功能,其他层次则一层比一层更加精细、更加具体地描述系统的功能,直到分解为程序设计语言的语句。结构化方法如图 5-4 所示。

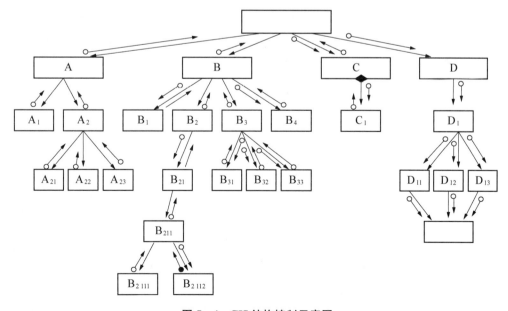

图 5-4　GIS 结构控制示意图

HIPO 图可分为三个基本层次：

(1) 直观目录。用尽可能简要的方式，说明问题的所有功能和主要联系，是解释系统的索引。

(2) 概要图。简要地表示主要功能的输入、输出和分析处理内容，用符号和文字表示每个功能中处理活动之间的关系。

(3) 详细图。详细地用接近编制程序的结构描述每个功能；使用必要的图表和文字说明，再向下则可进入程序框图。

在地理信息系统软件设计中，为充分利用系统软硬件功能和保持良好的可移植性，有时也需采用一种自下而上的结构设计，即首先将与软硬件有关的公用子程序列出，然后列出与软硬件无关的公用子程序，最后组合成软件系统，可提高软件开发的效率和可移植性。结构化软件设计的特点是软件结构描述比较清晰。便于掌握系统全貌，也可逐步细化为程序语句，是十分有效的系统设计方法。

3. 面向对象的软件设计方法

面向对象的设计方法是近年来发展起来的一种新的程序设计技术，其基本思想是将软件系统所面对的问题，按其自然属性进行分割，按人们通常的思维方式进行描述，建立每个对象的模型和联系，设计尽可能直接、自然地表现问题求解的软件，整个软件系统只由对象组成，对象间联系通过消息进行。用类和继承描述对象，并建立求解模型，描述软件系统。对象是事物的抽象单位，具有内部状态、性质、知识和处理能力，通过消息传递与其他对象相联系，是构成系统的元素。

消息是请求对象执行某一处理或回答某些信息的指令流，用以统一数据层和控制层为不同层次，这种层次结构具有继承性，子类继承其父类的全部描述。

面向对象的设计方法，更接近于面向问题而不是对程序的描述，软件设计带有智能化的性质，这种形式更便于程序设计人员与应用人员的交流，软件设计更具有普遍意义，尤其是在地理信息系统的智能化和专家系统技术不断提高的形势下，面向对象的程序设计是更有效的途径。

4. 原型化的设计方法

原型化的设计方法是初学人员更愿意采用的一种软件设计方法，它的特点是不需要一开始就清晰地描述一切，而是在明确任务后，在软件的实现过程中逐步对系统进行定义和改造，直至系统完成。这种方法尽管带有一定的盲目性，但对于非专业人员和小规模系统设计来说更为实用，而且有些探索性的系统，并不可能一开始就取得完整的认识，许多专门化的系统，也不一定需要十分复杂的设计，而这种设计方法，一开始就针对具体目标开始工作，一边工作一边完成系统的定义，并通过一定的总结和调整补偿系统设计的不足，是一种动态的设计技术。我国早期的许多系统，都属于此种设计方法。这种设计方法的基本步骤是：① 识别基本要求，做出基本设想；② 开发工作模型，提出有一定深度的宏观控制模型；③ 程序编制和模型修正。通过软件编制，不断发现技术上的扩大点，并通过与用户的交流取得对系统要求和开发潜力的新的认识，调整系统方案。④ 原型设计完成，根据一定标准判断用户需求是否已被体现，从而决定系统是继续改进还是终止。

软件设计的方法很多，各有特点，在具体工作中需灵活地选择或结合各种方法做出最有效、最佳方案的设计。

软件设计完成后，进入程序编制阶段，经过软件设计，程序结构已明了，这阶段的主要任务是设计具体算法和编程。地理信息系统所采用的算法多来自计算机图形学、计算机图像处理、计算机辅助地图制图等。需经改造使之适合于地理信息系统的数据结构。特别是必须具有属性和拓扑的意义，增加了算法的复杂性，因为不仅要求有图形意义上的运算，还要具有属性和图形要素之间的逻辑运算。另外，由于地学要素数量众多、极其复杂，地学任务要求较高，给算法构造带来一定的难度。特别是在微型计算机上研制的系统，算法设计更为关键。微机系统向更大计算机系统上移植，效率不会受到影响。反之，如果直接把中小型机上软件移植到微机上，则由于比较宽松的环境降到比较紧张的环境中，效率将大大降低，远远比不上专门开发的微机地理信息系统，有时甚至无法实施运行。

5.1.3　系统详细设计

海洋信息系统设计常见的模式包括：单服务两层/多层 C/S；MVC 结构；面向服务的SOA 与多服务集合；数据交换总线等。

1. 单机应用系统（Standalone）

准确地讲，单机应用系统是最简单的软件结构，是指运行在一台物理机器上的独立应用程序。当然，该应用可以是多进程或多线程的。

在信息系统普及之前的时代，大多数软件系统其实都是单机应用系统。这并不意味着它们简单，实际情况是，这样的系统有时更加复杂。这是因为软件技术最初普及时，多数行业只是将软件技术当作辅助手段来解决自己专业领域的问题，其中大多都是较深入的数学问题或图形图像处理算法的实现。

有些系统非常庞大：早年的一个大型纯软件系统开发，能多达 160 万行程序！要知道，这些程序当时可都是一行行写出来的。这应该算是一个超大型的软件系统了，共有十多个子系统集成在一个图形界面上执行，并可在多行 UNIX/DOS 平台下运行，其中很多算法的复杂困难程度，可以说，如果讲给今天这些所谓的架构高手与计算机高手听，他们会感觉如听"天书"一般深奥；有些系统则算法非常复杂，比如有些软件开发人员，在他们专业领域内编制的软件程序，在当时最高级的专业工作站上（应该要比当今最快的微机性能还好些），一敲回车键运行，就往往要等待一个星期的时间才能得到结果。

而这些软件系统，从今天的软件架构上来讲，却很简单，是标准的单机系统。即便是今天，复杂的单机系统也有很多，它们大多都是专业领域的产品，如 CAD/CAM 领域的CATIA、ProEngineer，Autodesk 的 AutoCAD，还有我们熟悉的 Photoshop、CoralDraw，等等（这些系统的高级版本可能提供了一些网络化的功能，但改变不了其单机系统的实质)。

所以这里要说的是,软件架构复杂并不代表软件系统复杂,其实,软件架构设计较为重要的领域只有一个,那就是信息系统领域,即以数据处理(数据存储,传输,安全,查询,展示等)为核心的软件系统。其他行业的软件应用对该概念其实并不是那么强调。

所以,读者应该明白,后面几节介绍的所谓流行软件架构,都是指在信息系统的领域内。

2. 客户机/服务器(Client/Server)结构

客户机/服务器结构是软件系统中最常见的一种。该概念应该来源于基于 TCP/IP 协议的进程间通信 IPC 编程的"发送"与"反射"程序结构,即 Client 方向 Server 方发送一个 TCP 或 UDP 包,然后 Server 方根据接收到的请求向 Client 方回送 TCP 或 UDP 数据包(这里是指建立 TCP/IP 连接以后的应用程序逻辑,不涉及如 TCP 建立连接的三方握手过程)。

诚然,上述 IPC 编程中的客户与服务,在过去只是一个再普通、传统不过的标准程序结构与编程方法,不会有人将其提高到软件架构的高度。但其实,现代流行的各种 C/S 架构,其本质却正是如此:即 TCP/IP,IPC 编程中的客户机/服务器。目前为止,还没有任何一种客户机/服务器架构的软件超出了这个范围。

所以,准确地讲,现代各种客户机/服务器模式的软件架构实际上是对 IPC 编程中客户/服务程序结构更加产品化与成熟化的结果。

让我们来看看几种常见的客户机/服务器的软件结构。

(1) 两层 C/S。两层 C/S,其实完全是 IPC 客户端/服务器结构的应用系统体现。两层 C/S 其实就是人们所说的"胖客户端"模式。

在实际的系统设计中,该类结构主要是指前台客户端+后台数据库管理系统。

在两层 C/S 结构中,前台界面+后台数据库服务的模式最为典型,前文所说的很多数据库前端开发工具(如 PowerBuilder、Delphi、VB)等都是用来专门制作这种结构的软件系统的。

有人也许要问,上述典型的两层 C/S 模式应该没有所说的 TCP/IP 通信呀? 为何前面讲所有的 C/S 模式都脱离不了这个范围呢? 其实,每一种数据库都提供了其专用的访问 API 或通用的 ODBC/JDBC 接口,如果这个数据库的开发支持从不同的机器上以网络方式连接,则其在客户端与数据库后台的通信大多情况下是 TCP/IP 的客户机/服务器模式。如果这个数据库不支持网络连接方式(如以前基于 FoxBase 的开发,或现在基于 MS Access 的开发),则不能称这个软件是 C/S 模式。

(2) 三层 C/S 结构与 B/S。在三层 C/S 结构中,其前台界面送往后台的请求,除了数据库存取操作以外,还有很多其他业务逻辑需要处理。三层 C/S 的前台界面与后台服务之间必须通过一种协议(自开发或采用标准协议)来通信(包括请求、回复、远程函数调用等),通常包括以下几种:

- 基于 TCP/IP 协议,直接在底层 socket api 基础上自行开发。这样做一般只适合需求与功能简单的小型系统。

- 首先建立自定义的消息机制(封装 TCP/IP 与 socket 编程),然后前台与后台之间的通信通过该消息机制来开发。消息机制可以基于 XML,也可以基于字节流(Stream)定义。虽然是自开发,但可以基于此构建大型分布式系统。

- 基于 RPC 编程。

- 基于 CORBA/IIOP 协议。

- 基于 Java RMI。

- 基于 J2EE JMS。

- 基于 HTTP 协议,如浏览器与 Web 服务器之间的交流便是如此。需要指出的是,HTTP 不是面向对象的,所以面向对象的应用数据会被首先平面化后进行传输。

目前最典型的基于三层 C/S 结构的应用模式便是我们最熟悉、较流行的 B/S (Brower/Server,浏览器/服务器)模式。

在 B/S 结构中,Web 浏览器是一个用于文档检索和显示的客户应用程序,并通过超文本传输协议 HTTP(Hyper Text Transfer Protocol)与 Web 服务器相连。该模式下,通用的、低成本的浏览器节省了两层结构的 C/S 模式客户端软件的开发和维护费用。这些浏览器大家都很熟悉,包括 MS Internet Explorer、Mozilla FireFox、NetScape 等。

Web 服务器是指驻留于因特网上某种类型计算机的程序。当 Web 浏览器(客户端)连到服务器上并请求文件或数据时,服务器将处理该请求并将文件或数据发送到该浏览器上,附带的信息会告诉浏览器如何查看该文件(即文件类型)。服务器使用 HTTP(超文本传输协议)进行信息交流,这就是人们常把它们称为 HTTPD 服务器的原因。

我们每天都在 Web 浏览器上进行各种操作,这些操作中绝大多数其实都是在 Web 服务器上执行的,Web 浏览器只是将我们的请求以 HTTP 协议格式发送到 Web 服务器端或将返回的查询结果显示而已。当然,驻留 Web 浏览器与服务器的硬件设备可以是位于 Web 网络上的两台相距千里的计算机。

应该清楚,B/S 模式的浏览器与 Web 服务器之间的通信仍然是 TCP/IP,只是将协议格式在应用层标准化了而已。实际上 B/S 是采用了通用客户端界面的三层 C/S 结构。

(3) 多层 C/S。多层 C/S 结构一般是指三层以上的结构,在实践中主要是三层与四层,四层即前台界面(如浏览器)、Web 服务器、中间件(或应用服务器)及数据库服务器。

多层客户机/服务器模式主要用于较有规模的企业信息系统建设,其中中间件一层主要完成以下几个方面的工作:

提高系统可伸缩性,增加并发性能。在大量并发访问发生的情况下,Web 服务器可处理的并发请求数可以在中间件一层得到更进一步的扩展,从而提高系统整体并发连接数。

中间件/应用层一层专门完成请求转发或一些与应用逻辑相关的处理,具有这一作用的中间件一般可以作为请求代理,也可作为应用服务器。中间件的这种作用在 J2EE 的多层结构中比较常用,如 BEA WebLogic、IBM WebSphere 等提供的 EJB 容器,就是专门用以处理复杂企业逻辑的中间件技术组成部分。

增加数据安全性。在网络结构设计中,Web 服务器一般都处于非军事区,即直接可以被前端用户访问到,如果是一些在公网上提供服务的应用,则 Web 服务器一般都可以被所有能访问与联网的用户直接访问。因此,如果在软件结构设计上从 Web 服务器就可以直接访问企业数据库是不安全的。因此,中间件的存在,可以隔离 Web 服务器对企业数据库的访问请求:Web 服务器将请求先发给中间件,然后由中间件完成数据库访问处理后返回。

(4) MVC。MVC 的概念在目前信息系统设计非常流行,严格来讲,MVC(Model-View-Controller)实际上是上述多层 C/S 结构的一种常用的标准化模式,或者可以说是从另一个角度去抽象化这种多层 C/S 结构。

在 J2EE 架构中,View 表示层指浏览器层,用于图形化展示请求结果;Controller 控制器指 Web 服务器层,Model 模型层指应用逻辑实现及数据持久化的部分。目前流行的 J2EE 开发框架,如 JSF、Struts、Spring、Hibernate 等及它们之间的组合,如 Struts+Spring+Hibernate(SSH)、JSP+Spring+Hibernate 等都是面向 MVC 架构的;另外,PHP、Perl、MFC 等语言都有 MVC 的实现模式。

在以前传统 JSP 程序中网页与数据访问是混合在一起的,在 MVC 中强制要求表示层(视图)与数据层(模型)代码分开,而控制器(如 Servlet)则可以用来连接不同的模型和视图去完成用户的需求。

对分层标准的探讨:

以上所讲各种 C/S 结构,包括两层、三层、四层甚至多层的概念,在 IT 界目前非常流行,绝大多数的信息处理系统与门户网站,都会将自己应用的结构宣传为多少多少层 C/S 架构。但究竟应该是属于多少层,两层还是三层?目前的实际状况是比较混乱的。

例如上面所说 B/S 结构,有人说是三层,也有不少人说是两层,各有道理;又比如 MVC,有人说是四层,又有人说是三层,同时在很多宣传中它确实被归结到 J2EE 宣传的四层架构中;另外,还有许多应用系统在某一层采用主从模式的集群服务器结构,有时也会使分层的概念混淆。

本书在这里给出一个分层问题的判断标准,即应该将应用系统的分层与服务分级区别开来。即某个应用架构到底分多少层,应该由其纵向深度上有多少个不同种类的(服务器集群显然排除在外)、两两相互通信的独立运行单元组成来决定;而服务分级应该由其纵向深度上以其由多少个不同类型的服务实例以两两双向通信的模式组成。也就是说,一共由多少对简单客户机/服务器组成。

于是,B/S 应该是三层架构,但是由两级不同类型的服务组成:Web 服务与数据库服务;而四层架构则通常应该是由三级服务组成的。还有,在有些 J2EE 框架(如 JSF+Spring+Hibernate),除了 Web 服务器与浏览器的通信以外,再没有其他的分布式应用了

（没有用到 EJB，RMI 或 JMS），而有些人将 HibernateDAO 等的数据持久化层单独算作一层，称之为四层，这也是不妥当的，因为数据持久化层与数据层毕竟不是一组客户机/服务器的关系，因此，统一算做数据层，所以应该还是归为三层架构。

前面所说"服务"的概念，无论在 Windows 平台还是 UNIX 平台，都应该是很清楚的：服务是主机提供的功能，它以被动等待信号或定期启动的方式来实现。在 UNIX-LIKE 的系统中，服务一般是由 Daemon 来实现的。

而这里需要指出的是，上面所说的"服务"与 6.2.2.3 节中讲的"多服务结构 SOA"中提出的"服务"含义是不同的：多层结构的软件系统，无论其本身由多少层级的服务组成，对外都是一个完整的单点应用系统，对应 SOA 中的一个"服务"。

3. 多服务结构（SOA）

无论多少层的 C/S 软件结构，对外来讲，都只是一个单结点应用（无论它由多个不同层的"服务"相互配合来完成其功能），具体表现为一个门户网站、一个应用系统等。下面我们讲多个单点应用相互通信的多服务结构。

（1）多服务结构。如果两个多层 C/S 结构的应用系统之间需要相互进行通信，那么，就产生了多服务结构，称为 Service Oriented Architecture。

在 SOA 的概念中，将由多层服务组成的一个结点应用看作是一个单一的服务。在 SOA 的定义里，对"服务"的概念进行的广义化，即它不是指计算机层面的一个 Daemon，而是指向外提供一组整体功能的独立应用系统。所谓独立应用系统是指：无论该应用系统由多少层服务组成，去掉任何一层，它都将不能正常工作，对外可以是一个提供完整功能的独立应用。这个特征便可以将多服务体系与多层单服务体系完全区分开来。

两个应用之间一般通过消息来进行通信，可以互相调用对方的内部服务、模块或数据交换、驱动交易，等等。在实践中，通常借助中间件来实现 SOA 的需求，如消息中间件、交易中间件，等等。

多服务结构可以在实践中又可以具体分为异构系统集成、同构系统聚合、联邦体系结构等，在下面我们对此会作一介绍。

（2）Web Service。多服务结构体现在 Web 应用之间，就成了 Web Service，即两个互联网应用（如门户网站）之间可以相互向对方开放一些内部"服务"（可以理解为功能模块、函数、过程等）。现阶段，一个 Web 应用对外开放其内部服务的协议主要是 SOAP 与 WSDL。

Web Service 是多服务体系结构的一个最典型、最流行的应用模式，但除了其由 Web 应用为主而组成的特点以外，Web Service 最主要的应用是一个 Web 应用向外提供内部服务，而不像传统意义上 SOA 那样有更加丰富的应用类型。

（3）多服务结构的实质。多服务结构的实质是消息机制或远程过程调用（RPC）。虽然其具体的实现底层并不一定是采用了我们所熟悉的 RPC 编程技术，但两个应用之间的相互配合确实是通过某种预定义的协议来调用对方的"过程"实现的。

4. 企业数据交换总线

实践中，还有一种较常用的架构，即企业数据交换总线，即不同的企业应用之间进行信息交换的公共通道。

这种架构在大型企业不同应用系统进行信息交换时使用较普遍，在国内，主要发生在银行或电信等信息化程度较高的行业。其他的许多行业虽然也有类似的需求，但大多都是手工或半自动化来实现该项需求的，并没有达到"企业数据交换总线"的层次。

关于数据总线本身，其实质应该是一个可称之为连接器的软件系统（Connector），它可以基于中间件（如消息中间件或交易中间件）构建，也可以基于 CORBA/IIOP 协议开发，主要功能是按照预定义的配置或消息头定义，进行数据（data）、请求（request）或回复（response）的接收与分发。

从理论上来讲，企业数据交换总线可以同时具有实时交易与大数据量传输的功能，但在实践中，成熟的企业数据交换总线主要是为实时交易而设计的，而对可靠的大数据量传输需求往往要单独设计。如果采用 CORBA 为通信协议，交换总线就是对象请求代理（ORB），也有一些资料中将这种架构称为"代理体系"。另外，在交换总线上挂接的软件系统，有些也可以实现代理的功能，各代理之间可以并行或串行的方式进行工作，通过挂接在同一交换总线上的控制器来协调各代理之间的活动。

5.2 基于 GIS 的海洋信息系统实现

5.2.1 海洋空间数据库的设计

地理信息系统的标准化，它的直接作用是保障地理信息系统技术及其应用的规范化发展，指导地理信息系统相关的实践活动，拓展地理信息系统的应用领域，从而实现地理信息系统的社会及经济价值。地理信息系统的标准体系是地理信息系统技术走向实用化和社会化的保证，对于促进地理信息共享、实现社会信息化具有巨大的推动作用。

地理信息系统的标准化，将从如下几方面影响着地理信息系统的发展及其应用。

1. 促进空间数据的使用及交换

地理信息系统所直接处理的对象就是反映地理信息的空间数据，由于空间数据的生成及其操作的复杂性，它是造成在地理信息系统研究及其应用实践中所遇到的许多具有共性问题的重要原因。进行地理信息系统标准化研究最直接的原因，就是为了解决在地理信息系统研究及其应用中所遇到的这些问题。

（1）数据质量。对数据质量的影响来自两方面：一方面是由于生产部门数字化作业人员水平参差不齐，各种航摄及解析仪器、各种数字化设备的精度不同，导致最终对地理信息系统数据的精度进行控制的难度；另一个方面是对地理属性特征的识别质量，由于没有经过严格校正的属性数据存在误差，从而导致人们使用数据的错误。对数据质量实施控制的途径是制定一系列的规程,例如地图数字化操作规范、遥感图像解译规范等标准化文件,作为日常工作的规章制度,指导和规范工作人员的工作,以最大限度地保障数据产品的质量。

(2) 数据库设计。在地理信息系统实践中,数据库设计是至关重要的一个问题,它直接关系到数据库应用上的方便性和数据共享。一般地,数据库设计包括三方面的内容:数据模型设计、数据库结构和功能设计以及数据建库的工艺流程设计。在这三个方面中,可能出现的一些问题列入表 5-2。要解决这些问题,就需要针对数据库的设计问题,建立相应的标准,如数据语义标准,数据库功能结构标准,数据库设计工艺流程标准。

表 5-2　不规范的数据库设计可能带来的问题

数据模型设计	术语不一致,数据语义不稳定,数据类型不一致,数据结构不统一
数据库结构和功能设计	结构不合理,术语不一致,功能不符合用户要求
数据建库的工艺流程设计	整个工艺流程不统一,术语不一致,用户调查方式不统一,设计文本不统一

(3) 数据档案。对数据档案的整理及其规范化,其中代表性的工作就是对地理信息系统元数据的研究及其标准的制定工作。明确的元数据定义以及对元数据方便地访问,是安全地使用和交换数据的最基本要求。一个系统中如果不存在元数据说明,很难想象它能被除系统开发者之外的第二个人所正确地应用。因此,除了空间信息和属性信息以外,元数据信息也被作为地理信息的一个重要组成部分。

(4) 数据格式。在地理信息系统发展初期,地理信息系统的数据格式被当作一种商业秘密,因此对地理信息系统数据的交换使用几乎是不可能的。为了解决这一问题,通用数据交换格式的概念被提了出来(J. RaulRamirez,1992),并且,有关空间数据交换标准的研究发展很快。在地理信息系统软件开发中,输入功能及输出功能的实现必须满足多种标准的数据格式。

(5) 数据的可视化。空间数据的可视化表达,是地理信息系统区别于一般商业化管理信息系统的重要标志。地图学在几百年来的发展过程中,为数据的可视化表达提供了大量的技术储备。在地理信息系统技术发展早期,空间数据的显示基本上直接采用了传统地图学的方法及其标准。但是,由于地理信息系统的面向空间分析功能的要求,空间数据的地理信息系统可视化表达与地图的表达方法具有很大的区别。传统的制图标准并不适合空间数据的可视化要求,例如利用已有的地图符号无法表达三维地理信息系统数据。解决地理信息系统数据可视化表达的一般策略是:与标准的地图符号体系相类似,制定一套标准的地理信息系统用于显示地理数据的符号系统。地理信息系统标准符号库,不但包括图形符号、文字符号,还应当包括图片符号、声音符号等。

(6) 数据产品的测评。对于一个产业来讲,其产品的测评是一件非常重要的工作。同样,地理信息系统数据产品的质量、等级、性能等方面进行测试与评估,对于地理信息系统项目工程的有效管理、促进地理信息市场的发展具有重大意义。

2. 促进地理信息共享

地理信息的共享,是指地理信息的社会化应用,就是地理信息开发部门、地理信息用户和地理信息经销部门之间以一种规范化、稳定、合理的关系共同使用地理信息及相关服务机制。

地理信息共享,深受信息相关技术的发展(包括遥感技术、GPS 技术、地理信息系统技术、网络技术)、相关的标准化研究及其所制定的各种法规保障制度的制约。现代地理信息共享,以数字化形式为主,并已步入了模拟产品、数据产品和网络传输等多种方式并存的数字化时代。因此,数据共享几乎成为信息共享的代名词。在数据共享方式上,专家们的观点是,未来的数据共享将以分布式的网络传输方式为主,例如,我国有关部门提出以两点一线、树状网络、平行四边形网络、扇状平行四边形网络四种设计方案作为地理信息数据共享的网络基础。

从信息共享的内容上来看,地理信息的共享并不只是空间数据之间的共享,它还是其他社会、经济信息的空间框架和载体,是国家以及全球信息资源中的重要组成部分。因此,除了空间数据之间的互操作性和无误差的传输性作为共享内容之一外,空间数据与非空间数据的集成也是地理信息共享的重要内容。后一种数据共享方式具有更大的社会意义,因为它为某些社会、经济信息的利用提供了一种新的方法。

地理信息共享有三个基本要求:要正确地向用户提供信息;用户无歧义、无错误地接收并正确使用信息;要保障数据供需双方的权力不受侵害。在这三个要求中,数据共享技术的作用是最基本的,它将在保障信息共享的安全性(包括语义正确性、版权保护及数据库安全性等方面)和方便灵活地使用数据方面发挥重要的作用。数据共享技术涉及四个方面,它们是:面向地理系统过程语义的数据共享概念模型的建立;地理数据的技术标准;数据安全技术以及数据的互操作性。

(1) 面向地理系统过程语义的数据共享的概念模型。在地理信息系统技术发展过程中,由于制图模型对地理信息系统技术的深刻影响,关于现实地理系统的概念模型大多集中于对地理系统空间属性的描述。例如对地理实体的分类,以其几何特性点、线、面等为标志,由于这一局限,地理信息系统只能显式地描述一种地理关系——空间关系。这种以几何目标为主要模拟对象的模拟方法不但存在于传统的关系型地理信息系统中,而且也存在于各种面向对象的地理信息系统模型研究文章中。以几何目标特性为主,模拟地理系统的思想几乎成为一种标准,而基于地理系统过程思想的概念模型则很少出现。

实际的数据共享是一种在语义层次上的数据共享,最基本的要求是供求双方对同一数据集具有相同的认识,只有基于同一种对现实世界地理过程的语义抽象才能保证这一点。因此在数据共享过程中,应有一种对地理环境的模型作为不同部门之间数据共享应用的基础。面向地理系统过程语义的数据共享的概念模型包括一系列的约定法则:地理实体几何属性的标准定义和表达;地理属性数据的标准定义和表达;元数据定义和表达等。这种模型中的内容和描述方法,有别于面向地理信息系统软件设计或地理信息系统数据库建立的面向计算机操作的概念建模方法。为了数据共享的无歧义性及用户正确地使用数据,面向数据共享的概念模型必须遵循 ISO 为概念模型设计所规定的"100％原则",即对问题域的结构和动态描述达到 100％的准确。

(2)地理数据的技术标准。地理数据的技术标准为地理数据集的处理提供空间坐标系、空间关系表达等标准,它从技术上消除数据产品之间在数字存储与处理方法上的不一致性,使数据生产者和用户之间的数据流畅通。

地理数据技术标准的一项重要工作是利用标准的界面技术完整地表达数据集语义的标准数据界面。随着对数据共享认识越来越清晰,科学家们越来越重视对地理信息系统人机界面的标准化。在有关用户界面的标准化的讨论中,两个观点占了主流:一个观点主张采用现有 IT 标准界面,这是计算机专家们的观点;另一个观点提出要以能表达数据集的语义作为用户界面标准的标准。经过多年的讨论及实践已逐渐形成两种策略,它们是建立标准的数据字典和建立标准的特征登记,这两种策略的理论基础都是基于对现实世界的概念性模拟以及概念模式规范化的建立。

在数据库领域,数据字典是一个很老的概念,它的初始含义是关于数据某一抽象层次上的逻辑单元的定义。应用于地理信息系统领域后,其含义有了变化,它不再是对数据单元简单的定义,而且还包括对值域及地理实体属性的表达,它已走出元数据的范畴,而成为数据库实体的组成部分之一。建立一个标准数据字典,实际上也就是建立相应地理信息系统数据库的一种外模式,可以方便地对数据库施行查询、检索及更新服务。特征登记是一种表达标准数据语义界面方法,它产生于面向地理特征的信息系统设计思想。

(3)数据安全技术。数据使用过程中,为了保证数据的安全,必须采用一定的技术手段。在网络数据传输状况下更是如此。从技术上解决数据安全问题,主要考虑在数据使用和更新时要保持:① 数据的完整性约束条件;② 保护数据库免受非授权的泄露、更改或破坏。在网络时代,还要注意网络安全,防止计算机病毒等。

数据的完整性体现了数据世界对现实世界模拟的需求,在关系型数据库中,存在着实体完整性和关系完整性两种约束条件;数据库中数据的安全性,一般通过设置密码、利用用户登记表等方法来保证。

(4)数据互操作性。从技术的角度,数据共享强调数据的互操作性。数据的互操作性,体现在两个方面:一个是在不同地理信息系统数据库管理系统之间数据的自由传输;另一个是不同的用户可以自由操作使用同一数据集,并且保证不会导致错误的结论。数据的互操作性在数据共享所有环节中是最重要的,技术要求也是最高的。

5.2.2　海洋地理信息服务

1. 地理信息内容和层次

地理信息系统数据模型的设计,是在对于地理知识的演绎和归纳基础之上,形成反映地理系统本质的形式化的地理信息的组织和表达模式。

（1）地理知识、地理信息、地理数据。地理知识是有关地理现象以及地理过程发展规律的正确认识的集合。地理信息是地理知识的一种，它强调对于地理知识的规范化及其结构化的描述形式，因此，它具有一定形式的信息结构。地理数据是地理信息的数字化载体，只有建立在某种数据模型基础上的地理数据集，才能够表达地理信息和地理知识，才具有地理分析的意义。

（2）地理信息的构成和信息结构。地理信息是对地理实体特征的描述，地理实体特征一般分为四类：① 空间特征，描述地理实体空间位置、空间分布及空间相对位置关系；② 属性特征，描述地理实体的物理属性和地理意义；③ 关系特征，描述地理实体之间所有的地理关系，包括对空间关系、分类关系、隶属关系等基本关系的描述，也包括对由基本地理关系所构成的复杂地理关系的描述；④ 动态特征，描述地理实体的动态变化特征。地理信息对这些特征的描述，是以一定信息结构为基础的。一个合理的信息结构中的各个信息项应当具有明确的数据类型定义，它不但能全面反映上述地理实体的四类特征，而且还能够很容易地被影射到一定的数据模型之中。一般地，设计出反映地理实体某项信息的信息结构并不困难，难度较大，而且也更为主要的是设计一个能够全面反映地理现实的信息模型。

由于对地理信息的描述是以数据为基础的，因此关于数据本身的一些描述信息，例如，关于数据质量、数据获取日期、数据获取的机构等，由于它们也间接地描述了地理实体，也成了地理信息的组成之一。这一类信息在地理信息系统领域一般称为元数据信息。

2. 地理信息的分类与编码

地理数据对地理现实的表达是建立在一定的逻辑概念体系之上的，对地理知识的系统化是建立这些逻辑概念的基础，而地理信息的分类是地理知识系统化的一个重要方法。

（1）地理信息的分类。对信息的分类一般具有两种方法：线分类法和面分类法。线分类法是将分类对象根据一定的分类指标形成相应的若干个层次目录，构成一个有层次的、逐级展开的分类体系；面分类法是将所选用的分类对象的若干特征视为若干个"面"，每个"面"中又分彼此独立的若干类组，由类组组合形成类的一种分类方法。对地理信息的分类一般采用线分类法。

作为地学编码基础的分类体系，主要是由分类与分级方法形成的。分类是把研究对象划分为若干个类组，分级则是对同一类组对象再按某一方面量上的差别进行分级。分类和分级，共同描述了地物之间的分类关系、隶属关系和等级关系。在地理信息系统领域中的分类方法，是传统地理分析方法的应用。

地理信息的分类方法并不是要以整个地理现实作为它的分类对象，它要为某种地理研究及其应用服务。不同地理研究目的之下的分类体系可能不同，即使研究对象为同一地理现实，而用以描述该地理现实的分类体系则可能有质的不同。如果从地理组成要素的观点出发,并且认为地貌、水文、植被、土壤、气候、人文是全部的地理组成要素,那么这六大组成要素就形成了六大分类体系。这六大分类体系,共同组成了对地理现实的描述体系。分类体系的特点之一,是概念之间仅能以 $1:n$ 的关系来描述研究对象。

地理信息的分类方法也可以是成因分类,即以成因作为主要的分类指标进行地物分类,这种方法通常为面分类法。地理信息的另一种分类方法,以地理现实的空间分布特点为主要指标进行分类,ISO 将这种以地理空间差异为主要指标而划分形成的空间体系,称为地理现实的非直接参考系统,行政区划、邮政编码都是这类的代表。

分类体系中的分级方法所依据的指标,一般以地理现实的数量指标或质量指标为主。例如,对河流的分级描述、土地利用类型的确定,最有代表意义的是以地物光谱测量特征为主要指标的遥感解译和制图。

应用目的不同和分类指标不同,在极大地丰富了地理分类学研究内容的同时,也在一定程度上造成了对其使用上的困难,其最大的问题是各分类体系之间不兼容。由于这种分类体系的直接应用是对地理现实的编码表示,因此,各分类体系之间的不兼容将导致同一地物的编码不一,或同一编码所具有的语义有多个,从而造成了数据共享困难。

(2) 地理信息的编码。对地理信息的代码设计是在分类体系基础上进行的,一般地在编码过程中所用的码有多种类型,例如顺序码、数值化字母顺序码、层次码、复合码、简码等。我国所编制的地理信息代码中,以层次码为主。

层次码是按照分类对象的从属和层次关系为排列顺序的一种代码,它的优点是能明确表示出分类对象的类别,代码结构有严格的隶属关系,例如,GB2260—80《中华人民共和国行政区划代码》,GB/T13927—92《国土基础信息数据分类与代码》都是采用了层次码作为代码的结构。

层次码一般是在线分类体系的基础上设计的。

地理信息的编码要坚持系统性、准一性、可行性、简单性、一致性、稳定性、可操作性、适应性和标准化的原则,统一安排编码结构和码位;在考虑需要的同时,也要考虑到代码之简洁明了,并在需要的时候可以进一步扩充,最重要的是要适合于计算机的处理和方便操作。目前,已形成国家标准的地理信息方面的分类及代码已有多个,例如 GB2260—80《中华人民共和国行政区划代码》、GB/T13923—92《国土基础信息数据分类与代码》、GB14804—93《1:500、1:1 000、1:2 000 地形图要素分类与代码》、GB/T5660—1995《1:5 000、1:10 000、1:25 000、1:50 000、1:100 000 地形图要素分类与代码》。

3. 地理信息的记录格式与转换

不同的地理信息系统软件工具,记录和处理同一地理信息的方式是具有差别的,这往往导致早期不同地理信息系统软件平台上的数据不能共享。记录格式的不同加上格式对用户是隐蔽的,导致了数据使用上的困难。世界上已有了许多数据交换标准,其中有关数据格式的转换建立了一种通用的,对用户来讲是透明的通用数据交换格式。数据格式的另一个内容,是数据在各种媒体上的记录标准问题。

(1)数据交换格式。在数据转换中,数据记录格式的转换要考虑相关的数据内容及所采用的数据结构。如果纯粹为转换空间数据而设立的标准,那么重点考虑的将是:① 不同空间数据模型下空间目标的记录完整性及转换完整性,例如由不同简单空间目标之间的逻辑关系形成的复杂空间目标,在转换后其逻辑关系不应被改变;② 各种参考信息的记录及转换格式,例如坐标信息、投影信息、数据保密信息、高程系统等;③ 数据显示信息,包括标准的符号系统、颜色系统显示等。

对于地理的信息,除了考虑上述数据的转换格式外,还应该多考虑下列内容:① 属性数据的标准定义及值域的记录及转换;② 地理实体的定义及转换;③ 元数据(Metadata)的记录格式及转换等。由于在转换过程中,地理数据是一个整体,各类数据的转换一般以单独转换模块为基础进行转换,因此,还要具备不同种类数据转换模块之间关系的说明及数据整体信息的说明,例如利用一定的机制说明不同转换模块的记录位置信息,转换信息的统计等。

在所有数据标准中,数据交换格式的发展是最快的,地理信息系统软件开发商在其中做了不少工作,例如 DXF、TIFF 等可以用于空间数据的记录与交换;SDTS、DIGES 等数据交换标准,以一定的概念模型为基础,不但用于交换空间数据,而且是在地理意义层次上交换数据,不但注重于空间数据的数据格式,而且注重于属性数据的数据格式以及空间、属性数据之间逻辑关系的实现。

(2)数据的媒体记录格式。在数据的使用过程中,数据总是以一定的媒质(例如磁带、磁盘、光盘)等作为存贮载体。数据在媒体上的记录格式对用户是否透明也是制约数据应用范围的一个重要因素。在该类记录格式的标准化过程中,各种媒介本身的技术发展对记录格式的影响很大,不同记录媒体,由于处于不同的时期,而应分别采用和制定相应的标准。

4. 地理信息规范及标准的制定

地理信息技术标准的制定、管理和发布实施,是将地理信息技术活动纳入正规化管理的重要保证。在标准的制定过程中,必须遵守国家相关的法律、法规,特别是《中华人民共和国标准化法》和《中华人民共和国标准化法实施条例》。

(1)制定地理信息技术标准的主要对象。标准的特有属性,使得对信息技术标准制定的对象有特殊的要求。制定标准的主要对象,应当是地理信息技术领域中最基础、最通用、最具有规律性、最值得推广和最需要共同遵守的重复性的工艺、技术和概念。针对地理信息领域,应优先考虑作为标准制

a. 软件工具:例如软件工程、文档编写、软件设计、产品验收、软件评测等;

b. 数据:数据模型、数据质量、数据产品、数据交换、数据产品评测、数据显示、空间坐标投影等;

c. 系统开发:例如系统设计、数据工艺工程、标准建库工艺等;

d. 其他：例如名词术语、管理办法等。

（2）制定地理信息技术标准的一般要求。主要有：① 认真贯彻执行国家有关的法律、法规，使地理信息技术标准化的活动正规化、法制化；② 在重分考虑使用的基础上，要注意与国际接轨，并注意在标准中吸纳世界上最先进的技术成果，以使所制定的标准既能适合于现在，还能面向未来；③ 编写格式要规范化。

在制定地理信息技术标准时，要遵守标准工作的一般原则，采用正确的书写标准文本的格式。我国颁布了专门用于制定标准的一系列标准，详细规定了标准编写的各种具体要求。

（3）编制标准体系表。围绕着地理信息技术的发展，所需要的技术标准可能有多个，各技术标准之间具有一定内在的联系，相互联系的地理信息技术标准形成地理信息技术标准体系。信息技术标准体系具有目标性、集合性、可分解性、相关性、适应性和整体性等特征，是实施编制整个地理信息技术标准的指南和基础。

地理信息标准体系反映了整个地理信息技术领域标准化研究工作的大纲，规定了需要编写的新标准，还包括对已有的国际标准和其他相关标准的使用。对国内、国外标准的采用程度一般分为三级：等同采用、等效采用和非等效采用。我国标准机构对标准体系表的编制具有详细的规定。

5.2.3　海洋地理信息的可视化技术

在地理信息系统中，可视化则以地理信息科学、计算机科学、地图学、认知科学、信息传输学与地理信息系统为基础，并通过计算机技术、数字技术、多媒体技术动态，直观、形象地表现、解释、传输地理空间信息并揭示其规律，是关于信息表达和传输的理论、方法与技术的一门学科。我们这里着重介绍空间信息的三维显示、移动环境中的地理信息可视化以及 HTML5 规范语言。

1. 空间信息的三维显示

三维 GIS 中空间三维信息的直接获取是一件非常困难的事情，尽管摄影测量与遥感和计算机视觉等领域在多源影像数据利用和自动三维重建方面取得了长足进步，特别是激光扫描技术、干涉雷达测量技术和高分辨率卫星图像技术等的应用，为大范围三维景观模型的快速获取提供了可能。由于各种应用的不同，多种途径的三维信息获取技术混合使用的状况将会延续相当长的时间。

（1）LOD 模型。所谓 LOD(levels of detail，LOD)模型，是指对同一个场景中的物体采用具有不同细节水平(或称精细程度)的一系列模型。它广泛使用于控制场景的复杂程度并加速三维复杂场景的实时可视化描绘中。其类似于栅格影像数据处理中的多分辨率概念，即影像金字塔。

LOD 技术是指计算机在生成视景时，根据该物体所在位置离视点距离的大小，分别调入详细程度不同的模型参与视景的生成(如图 5-5 所示)。其实现方法如下：

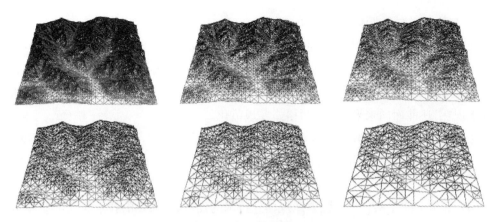

图 5-5 地形场景简化

一是为物体建造一组详细程度不同的模型。利用模型的简化方法或工具,对目标进行简化分级,形成一组详细程度有别的 LOD(为便于描述,以下引进 LOD 的概念进行说明)数据模型。将一组 LOD 模型根据细节的详细程度从多到少进行排序,并用序列号(1,2,…,n)给以标识(如图 5-6 所示)。

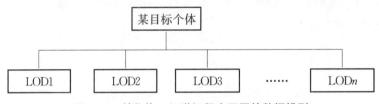

图 5-6 某物体一组详细程度不同的数据模型

二是立体模型与视距间的关系约定。通过计算视点与目标点间的距离求出目标的视距,为每一个被观察目标建立一组有关视距的阈值,用阈值把视距划分为不同的视距段。在选择 LOD 模型参与视景生成的计算时,首先判断目标的当前视距处于哪个视距段,再找到该视距段所对应的该目标 LOD 数据模型的标识号,调用标识号所指向的 LOD 模型来代表该目标参与视景生成。还可以在最近和最远处增设两个视距段,当视距小于最近视距段或大于最远的视距段时,认为该目标处于不可见位置。

(2) 多分辨率建模方法。根据不同细节层次建模需要,可以分别采用以下不同的数据源和建模策略重建三维场景模型。

根据 DEM 重建逼真的地形表面形态,通过叠加正射影像数据生成真实感很强的虚拟景观。

直接使用 CAD、3DS、3DMAX 等设计数据,逼真表示规划设计成果的精细结构和材质特征;这种方法可以达到较高水平的细节程度,不仅能表示目标外观,而且还能充分展现目标的内部形态。

利用摄影测量、激光扫描或其他地面测量手段采集的三维编码数据和实际影像纹理逼真表示建筑景观的现状;该方法一般不表示实体内部特征,根据不同分辨率的图像可以达到各种细节水平,广泛用于大范围场景模型的快速重建。

根据建筑物的底部边界线(传统的二维线划数据如 GIS 中的 DLG)和相应的高度属性进行三维重建,表面纹理则可以采用纹理材质数据库中的简单数据直接生成,该方法主要用于表现较低细节水平的景观轮廓特征。

基于上述不同细节层次模型的混合表示,便可以满足多尺度表示的需要。因此,可以从远处纵观整个地区的概貌,也可以深入一条街道、甚至一幢建筑物内部明了其周围的细部特征。摄影测量与遥感方法便于大范围三维模型的快速重建,但不便实现“真三维”,难以进入建筑物内部,重建复杂三维模型的能力尚且不足,还需运用更多的计算机图形学知识,亟待 CAD 技术的强力支持。而基于各种距离的三维激光扫描得到的离散点数据建立各种复杂的表面模型正成为多分辨率建模的主要研究方向之一。

(3) CAD 与三维 GIS 的集成。城市规划、建筑设计等领域广泛应用着基于 CAD 的三维建模与编辑方法。将这种方法产生的三维模型数据纳入 GIS、实现 CAD 数据与 GIS 数据的集成有两个重要意义:一是城市规划、建筑设计普遍采用 CAD 生产,CAD 数据广泛可得;二是 CAD 在三维模型创建与编辑上具有独特的技术优势,一些复杂而难以创建,但很实用的地物模型(如城市中的艺术建筑、交通导航所使用的航标等)利用 CAD 系统创建和编辑往往比较方便。因此,三维 GIS 的成功应用迫切需要与 CAD 进行有机的集成。

基于计算机图形学对三维形体的绘制与渲染方法,以下两种数据模型在 CAD 系统中具有较广泛的代表性:

第一种结构实体几何模型(CSG):此模型在 CAD 领域中的应用最为广泛。其基本思想是:将预先定义好的简单形体(通常称为体元或体素,如立方体、球、圆柱、圆锥等)通过正则的集合运算(并、交、差)和刚体几何变换(平移、旋转)形成一有序的二叉树(称 CSG 树),以此表示复杂的几何形体。

第二种边界表达模型(BR):理论上能够建立较大区域范围内的三维模型。当然,不同的数据模型与数据结构各有其优点和不足,采用单一的数据模型难以对各种类型的空间实体进行有效的描述,不同模型之间的结合被认为是必要和实用的方法。因此,一个 CAD 系统往往利用了几种不同的数据模型,通过对几种数据模型的组合与集成化应用,CAD 系统基本上能够构造各种各样的几何对象,能对这些对象进行方便的交互式操作(编辑、修改、重绘),同时还能对模型数据进行有效的管理。

CAD 系统中数据模型的选取与构造,目的只是为了交互操作(模型创建与编辑)的方便性,很少注意到对象之间的拓扑关系,但在 GIS 中这无疑是一个欠缺;更重要的是在 GIS 中的几何对象需要同时具备几何属性和语义属性,但 CAD 模型几乎不具备语义属性。另一方面,CAD 系统一般只需考虑单个模型的空间表达,追求模型在视觉上的逼真与美观,不必关心其数据量。在 GIS 中需要大量的三维几何模型,如不加以一定的优化和简化处理,就会带来许多问题,如数据的调度与管理、重绘刷新速度与浏览平滑度等。

（4）三维景观显示主要介绍以下三种：

一是基于纹理映射技术的地形三维景观。真实地物表面存在着丰富的纹理细节，人们正是依据这些纹理细节来区别各种具有相同形状的景物。因此，景物表面纹理细节的模拟在真实感图形生成技术中起着非常重要的作用，一般将景物表面纹理细节的模拟称为纹理映射技术。

纹理映射技术的本质是：选择与 DEM 同样地区的纹理影像数据，将该纹理"贴"在通过 DEM 所建立的三维地形模型上，从而形成既具有立体感又具有真实性、信息含量丰富的三维立体景观。以扫描数字化地形图作为纹理图像，依据地形图和 DEM 数据建立纹理空间、景物空间和图像空间三者之间的映射关系，可以依据真实感图形绘制的基本理论生成以地形要素地图符号为表面纹理的三维地形景观。

二是基于遥感影像的地形三维景观。各类遥感影像数据（航空、航天、雷达等）记录了地形表面丰富的地物信息，是地形景观模型建立主要的纹理库。

基于航摄相片生成地形三维景观图的基本原理是：在获取区域内的 DEM 的基础上，在数字化航摄图像上按一定的点位分布要求选取一定数量（通常大于 6 个）的明显特征点，量测其影像坐标的精确值以及在地面的精确位置，据此按航摄相片的成像原理和有关公式确定数字航摄图像和相应地面之间的映射关系，解算出变换参数。同时利用生成的三维地形图的透视变换原理，确定纹理图像（航摄相片）与地形立体图之间的映射关系。DEM 数据细分后的每一地面点可依透视变换参数确定其在航摄相片图像中的位置，经重采样后获得其影像灰度，最后经透视变换、消隐、灰度转换等处理，将结果显示在计算机屏幕上，生成一幅以真实影像纹理构成的三维地形景观，如图 5-7（可参见附录彩页）。

图 5-7　（航空）正射影像＋DEM

基于航天数据的处理方法与航摄相片的方法基本相同,如图5-8(可参见附录彩页)。不同的是由于不同遥感影像数据获取的传感器不同,其构象方程、内外方位元素也各异,需要针对相应的遥感图像建立相应的投影映射关系。

图 5-8　(遥感)正射影像＋DEM

需要说明的是,对大多数工程而言,用于建立地形逼真显示的影像数据只有航空影像最合适,因为一般地面摄影由于各种地物的相互遮挡,影像信息不全,地面重建受视点的严格限制;而卫星影像由于比例尺太小,各种微小起伏和较小的地物影像不清楚,仅适合于小比例尺的地面重建。航空影像具有精度均匀、信息完备、分辨率适中等特点,因而特别适合于一般大比例尺的地面重建。

三是基于地物叠加的地形三维景观。将图像的纹理叠加在地形的表面,虽然可以增加地形显示的真实性,但若是能够在DEM模型上叠加地形表面的各种人工和自然地物,如公路、河流、桥梁、地面建筑等,则更能逼真地反映地表的实际情况,而且这样生成的地形环境还能进行空间信息查询和管理。

对于这些复杂的人工和自然地物的三维造型,可利用现有的许多商用地形可视化系统(如 MultiGen)开发的专门进行三维造型的生成器 Creator,可先由该三维造型生成器生成各种地物,然后再贴在地形的表面;另外还可利用现有的三维造型工具(如 3DMax)来塑造三维实体地物,然后再导入到地形可视化系统中;对于简单的建筑物,可以将其多边形先用三角剖分方法进行剖分,然后将其拉伸到一定的高度,就形成三维实体;而对于河流、道路、湖泊等地表地物,由于存在多边形的拓扑关系,如湖中有岛,这时的三角形剖分就要复杂得多,但约束 Delaunay 三角形可以保证在三角形剖分过程中,将河流或湖泊中的岛保留,同时还能保留了多边形的边界线,以及保证剖分后的三角形具有良好的数学性质(不出现狭长的三角形)。

(5) 三维动态漫游。

三维景观的显示属于静态可视化范畴,在实际工作中,对于一个较大的区域或者一条较长的路线,有时既需要把握局部地形的详细特征,又需要观察较大的范围,以获取地形的全貌。一个较好的解决方案就是使用计算机动画技术,使的观察者能够畅游于地形环境中,从而从整体和局部两个方面了解地形环境。

为了形成动画,就要事先生成一组连续的图形序列,并将图像存储于计算机中,如图5-9(可参见附录彩页)。将事先生成的一系列图像存储在一个隔离缓冲区,通过翻页建立动画;图形阵列动画即位组块传送,每幅画面只是全屏幕图像的一个矩形块,显示每幅画面只操作一小部分屏幕,较节省内存,可获得较快的运行时间性能。

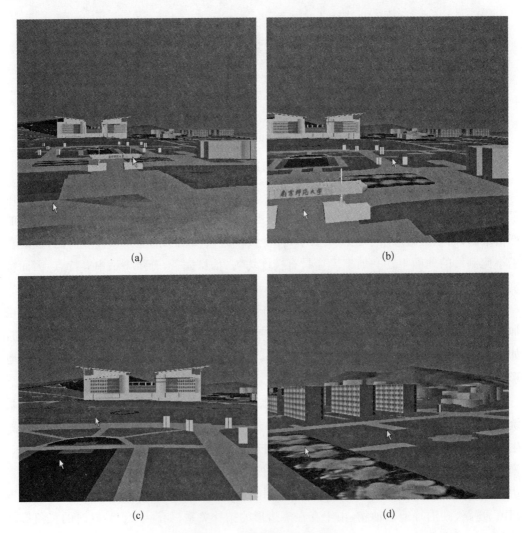

(a)　　　　　　　　　　　　　　(b)

(c)　　　　　　　　　　　　　　(d)

图5-9　三维校园(四帧图像)

对于地形场景而言,不但有 DEM 数据,还有纹理数据,以及各种地物模型数据,数据量都比较庞大。而目前计算机的存储容量有限,因此为了获得理想的视觉效果和计算机处理速度,使用一定的技术对地形场景的各种模型进行管理和调度就显得非常重要,这类技术主要有单元分割法、细节层次法(LOD)、脱线预计算以及内存管理技术等,通过这些技术实现对模型的有效管理,从而保证视觉效果的连续性。

2. 移动环境中的地理信息可视化

(1) 移动环境下地理信息(如图 5-10 所示)可视化特征。与桌面 GIS 相比,移动地理信息可视化有其特殊性,这些特殊性主要体现在移动设备、移动环境、移动用户的不同特征上,其中移动用户的特征是最主要的。图是地理信息可视化模型。移动地理信息可视化设计需要综合考虑这些因素,使地理信息可视化设计从传统的以设计者为中心转变到以用户为中心。

移动用户的特点。移动用户在移动 GIS 中扮演着中心角色。移动 GIS 的设计采用一切面向用户的理念。对于移动用户,有三种主要的特性:个性化、移动性、空间信息需求。用户的个性化特征包括:用户的年龄、性别、职业等个人基本特征以及对环境的熟知程度、用户的行为、用户的知识水平、用户的兴趣、用户的认知能力等。用户的移动性指用户从一个地理位置移动到另外一个位置。移动性决定了用户对空间信息的需求。常见的空间信息

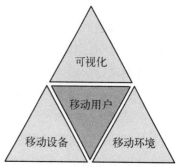

图 5-10　地理信息可视化模型

需求通过问题来体现,如我们在哪儿? 附近有什么? 如何到达我们的目的地等。移动地理可视化就是围绕这些空间问题展开研究,力争给出个性化的、准确及时的答案。

移动设备的特点。移动设备必须具备体积小巧、重量轻、易便携等条件,这同时也带来了许多局限性,有些局限性可以随着技术的进步迎刃而解,有些可能无法解决。主要特点:

a. 显示器面积小、分辨率低、颜色数少、显示尺寸多样、显示内容有限;

b. 微处理器处理速度相对慢,内存和外存空间小,总线速度低,图形处理能力弱;

c. 输入设备简单且多样化,操作相对困难。

移动设备的这些特点也决定了移动 GIS 的数据库结构、可视化处理与桌面 GIS 有着很大的不同,也就现成了一种新的研究领域。

移动环境的特点。移动设备因其易于携带,任何用户在任何时候、任何地点都可以使用。与静态的桌面环境相比,移动环境复杂多样,使用条件苛刻。主要特点:

a. 移动环境下设备操作困难,操作准确度差。用户通常是在移动中使用设备,例如行走中或车上,因而不易操作。有的移动设备需要双手操作,更增加了用户负担。

b. 环境嘈杂。如处于嘈杂的闹市区或人群中。

c. 应用场景复杂、多变,光线的变化大。如有时在耀眼的阳光下,有时在昏暗的角

落。这对电子地图色彩和图形的感受影响很大。

d. 用户注意力不能专注。在移动环境中,用户的注意力主要集中在环境中的事务上,用户与移动设备的交互不能过多地分散注意力。如用户过马路或驾车中。

移动环境的苛刻条件要求移动 GIS 的人机界面设计简单、高效。同时,多通道交互手段的采用能减轻用户负担,增强移动 GIS 的可用性。

(2)移动环境下的地理信息可视化设计过程。地理信息可视化过程为:数据建模、对象筛选、数据变换、可视化。结合移动设备的特点、使用环境,以及用户个性特征,移动地理信息可视化过程则可分为六个主要部分。

一是空间数据组织。空间数据的组织与管理历来都是 GIS 理论与发展的基础问题,也是 GIS 技术能否得到广泛应用并为用户提供高效服务的关键。对于在线式 GIS,服务器端的空间数据的组织方案较多,常规的方法是采用现成的大型空间数据库系统。目前,国际上较成熟的空间数据库系统软件产品有:ESRI Ar‐cSDE、MapInfo SpatialWare、Oracle Spatial、DB2 Spatial Extender 和 Informix Spatial DataBlade。而对于移动设备,目前没有现成的空间数据库系统可供利用。因此设计一套高效、合理的移动空间数据库和数据库管理引擎是离线移动 GIS 关键技术之一。

二是可视化数据选取。由较大比例尺地图产生较小比例尺地图需要进行地图综合,选取是制图综合中的最重要、最基本的方法。对于移动地理信息量,一方面要求提供丰富的信息满足众多层次用户的需要,另一方面,单个用户的信息需求是局部而有限的。因此,地理信息承载量与用户的认知需求必须平衡,一方面,信息量不足,可能导致用户认知受限,难以做出合理决策;另一方面,信息量过载,用户会感到无所适从,决策亦受影响。因此海量的地理信息数据的取舍是地理信息可视化领域值得研究的问题。特别在移动设备的资源有限的条件下,可视化数据筛选显得尤为重要。

选取放入目的是为了获取用户所关心、需要的信息,隐藏大量无关信息。数据的选取依据用户的个性、兴趣、认知水平、上下文因素以及大量要素的重要程度来综合决策。选取的基本方法一般有四种:按分界尺度选取、按定额指标选取、按地物综合区选取、按地物等级选取。实际选取中会采取组合选取形式以弥补单一方法的不足。譬如地物等级、分界尺度、定额指标的组合是比较实用的选取方式。先根据当前比例尺,确定适合显示的地物等级,再计算定额指标,确定当前可视区中地物饱和度,最后利用分界尺度,同时结合地物的重要性和用户兴趣加以选取。

三是数据可视化表达。地理信息数据经过筛选后,在屏幕上如何表现?数据的表达通常有栅格图片,矢量(二维,二点五维,三维)等表现形式。地图数据的符号化是数据可视化表达研究的重要内容。地图符号也可称之为地图语言,国内和国外都对地图符号进行了统一和规范,建立了完善的地图符号标准。移动地图的个性化特征鲜明,在地理信息的表达时遵守地图符号的标准。同时,允许用户根据个人需要改变符号视觉变量如形状、尺寸、色彩、透明度等,建立个性的地图。

个性化的地理信息表达,一方面,可视化内容需要经过合理选取,实现信息载负量均衡和信息快速传递。另一方面,要求在有限的可视区域内尽可能显示更大范围的信息。传统桌面系统的可视化区域大,通常以概略图、区位图、索引图等方式配合主地图内容实现地物目标的多尺度可视化,同时展现地理区域的全局和局部细节,从而很好地完成目标搜索和空间信息的查询。然而,由于移动设备屏幕小,这一方式并不适合移动 GIS,因此需要寻求新的表达方式。可变比例尺可视化表达方法是一种有效的小显示屏上的地图显示解决方案,在同一个显示屏幕上采用跨比例尺的地图显示,在屏幕中心区域采用大比例尺地图,而在边缘区域采用小比例尺,与传统一致比例尺地图表达相比,在相同显示区域能显示更多的信息。类似于汽车观后镜效果,可变比例尺可视化的缺点是空间度量的变形。

四是人机交互。人机交互是人与移动设备间的对话通道。移动设备形式多样,带来了多样性的交互手段。譬如有的移动设备采用触控屏,如 PocketPC;有的采用键盘,如基于 Smartphone 的智能手机;还有的采用遥控器,如部分车载移动设备等。

由于人机交互决定地理信息可视化界面的表现形式。因此,针对输入设备的不同,需要设计不同的交互界面。另外,单一的交互方式容易导致用户急躁、厌烦心理,多通道的交互是移动设备人机交互发展趋势。一般情况下,移动 GIS 的使用环境较为恶劣,而且用户注意力不允许被转移,譬如在移动状态或在驾车中。这就要求移动 GIS 与用户的交互手段不能仅限于键盘、触控笔、遥控器、显示屏等,而应尽可能多地采用多通道交互技术,譬如语音识别、语音提示等。

五是个性化设计。传统地图提供尽可能多的信息量,以便满足多种需求的用户,移动电子地图是专为信息量不需要大而全。在这个意义上来说,传统纸质地图的设计目标是"What you see is what you want",而移动电子地图的设计目标是"What you want is what you see"。

因此以用户为中心是移动地理信息可视化设计的重心,用户的个性特征包括用户爱好、经验、习惯、认知能力、文化背景等,另外用户的行为动机,用户对环境的熟知程度也是个性化设计考虑的参数。综合这些个性化特征,尽可能地预测用户的行为,以便有目的、有针对性地选择可见地理对象,产生个性化地图。个性化可视化设计在有的文献中被称为用户适应可视化设计。适应可视化设计体现在不同用户或同一用户不同的活动或不同的上下文场景中,可视化的内容和模式都不同。例如用户的动机不同、认知能力不同、对环境熟知程度不同,可视化内容相应也不同。

场景不同,可视化模式也要适应性地改变,如白天模式、夜晚模式、路随车转模式、双窗口模式等形式。总之,移动电子地图可视化设计需要充分考虑用户的行为、个性特征、认知能力以及环境上下文,在有限的可视空间内尽可能清晰、直观、简明地表达地理信息,同时借助多通道交互技术,即使在移动的环境中,也能很好地传递地理信息,而且,使用户在信息获取过程中感到轻松、愉快。

六是可视化评价。传统地图质量的评判侧重于或局限于对设计思想和图面整饰效果的评价,因此设计独特、绘制和印刷精美的地图,即使实用价值不大,仍然有可能被评为最佳地图。然而,在数字地图领域中,精心设计的电子地图如果可用性不强,得不到绝大多数用户的认可,也就没有存在的价值。

3. HTML5 语言规范

(1) HTML5 的发展历程。HTML5 即万维网的核心语言、标准通用标记语言下的一个应用超文本标记语言(HTML)的第五次重大修改。标准通用标记语言下的一个应用 HTML 标准自 1999 年 12 月发布的 HTML4.01 后,后继的 HTML5 和其他标准被束之高阁,为了推动 Web 标准化运动的发展,一些公司联合起来,成立了一个叫做 Web Hypertext Application Technology Working Group(Web 超文本应用技术工作组——WHATWG)的组织。WHATWG 致力于 Web 表单和应用程序,而 W3C(World Wide Web Consortium,万维网联盟)专注于 XHTML2.0。在 2006 年,双方决定进行合作,来创建一个新版本的 HTML。

HTML5 草案的前身名为 Web Applications 1.0,于 2004 年被 WHATWG 提出,于 2007 年被 W3C 接纳,并成立了新的 HTML 工作团队。

HTML5 的第一份正式草案已于 2008 年 1 月 22 日公布。HTML5 仍处于完善之中。然而,大部分现代浏览器已经具备了某些 HTML5 支持。

2012 年 12 月 17 日,万维网联盟(W3C)正式宣布凝结了大量网络工作者心血的 HTML5 规范已经正式定稿。根据 W3C 的发言稿称:"HTML5 是开放的 Web 网络平台的奠基石。"

2013 年 5 月 6 日,HTML 5.1 正式草案公布。该规范定义了第五次重大版本,第一次要修订万维网的核心语言:超文本标记语言(HTML)。在这个版本中,新功能不断推出,以帮助 Web 应用程序的作者,努力提高新元素互操作性。

本次草案的发布,从 2012 年 12 月 27 日至今,进行了多达近百项的修改,包括 HTML 和 XHTML 的标签,相关的 API、Canvas 等,同时 HTML5 的图像 img 标签及 svg 也进行了改进,性能得到进一步提升。

支持 HTML5 的浏览器包括 Firefox(火狐浏览器),IE9 及其更高版本,Chrome(谷歌浏览器),Safari,Opera 等;国内的遨游浏览器(Maxthon),以及基于 IE 或 Chromium(Chrome 的工程版或称实验版)所推出的 360 浏览器、搜狗浏览器、QQ 浏览器、猎豹浏览器等国产浏览器同样具备支持 HTML5 的能力。

在移动设备开发 HTML5 应用只有两种方法,要不就是全使用 HTML5 的语法,要不就是仅使用 JavaScript 引擎。

JavaScript 引擎的构建方法让制作手机网页游戏成为可能。由于界面层很复杂,已预订了一个 UI 工具包去使用。

纯 HTML5 手机应用运行缓慢并错漏百出,但优化后的效果会好转。尽管不是很多人愿意去做这样的优化,但依然可以去尝试。

HTML5 手机应用的最大优势就是可以在网页上直接调试和修改。原先应用的开发人员可能需要花费非常大的力气才能达到 HTML5 的效果,不断地重复编码、调试和运行,这是首先得解决的一个问题。因此也有许多手机杂志客户端是基于 HTML5 标准,开发人员可以轻松调试修改。

2014 年 10 月 29 日,万维网联盟宣布经过几乎 8 年的艰辛努力,HTML5 标准规范终于最终制定完成了,并已公开发布。

在此之前的几年时间里,已经有很多开发者陆续使用了 HTML5 的部分技术,Firefox、Google Chrome、Opera、Safari 4+、Internet Explorer 9+都已支持 HTML5,但直到今天,我们才看到"正式版"。

HTML5 将会取代 1999 年制定的 HTML 4.01、XHTML 1.0 标准,以期能在互联网应用迅速发展的时候,使网络标准达到符合当代的网络需求,为桌面和移动平台带来无缝衔接的丰富内容。

W3C CEO Jeff Jaffe 博士表示:"HTML5 将推动 Web 进入新的时代。不久以前,Web 还只是上网看一些基础文档,而如今,Web 是一个极大丰富的平台。我们已经进入一个稳定阶段,每个人都可以按照标准行事,并且可用于所有浏览器。如果我们不能携起手来,就不会有统一的 Web。"

HTML5 还有望成为梦想中的"开放 Web 平台"(Open Web Platform)的基石,如能实现可进一步推动更深入的跨平台 Web 应用。

接下来,W3C 将致力于开发用于实时通信、电子支付、应用开发等方面的标准规范,还会创建一系列的隐私、安全防护措施。

W3C 还曾在 2012 年透露说,计划在 2016 年底前发布 HTML 5.1。

(2) HTML5 在移动终端地理信息系统中的关键技术。设备地理信息的获取是地理信息应用最基本的功能,由于 HTML5 提供了 Geolocation 技术,利用它可获取设备定位信息。通常设备可使用的定位技术主要有:IP 地址、GPS、Wifi 及手机基站等,各种技术的定位精度也各不相同。HTML5 Geolocation 不指定设备使用哪种底层技术定位,因此只要设备支持这几种定位技术之一,就都可以使用 HTML5 Geolocation,然而它并不保证获取到的数据都是精确的,使用时可以根据返回的精度之进行过滤,从而获取精度适合的地理数据。HTML5 Geolocation 规范提供了一套保护用户隐私的机制,除非浏览器得到用户的明确许可,否则浏览器不可获取用户的当前地理位置数据。HTML5 Geolocation 提供的接口使用非常容易,目前提供两种定位请求接口:① 单次定位请求;② 重复位置更新请求。这两种或请求获取到的数据结构都包括了经度、纬度、海拔、经度、时戳等成员。在具体地理信息应用开发中,可以灵活使用这两种方法,获取所需要的数据内容。

地理信息应用通常需要在应用端大量存储地理信息数据,这时可使用 HTML5 Web

Storage 技术。Web Storage 是 HTML5 最新提供的用于浏览器端的数据存储,它是以键/值对形式表示。Web Storage 与传统的 cookie 存储形式相比,最主要有事在于存储空间更大,cookie 方式最大存储容量只为 4 KB,而 Web Storage 存储空间可达到 5 MB,而且提供了更多易用的接口,使得数据操作更为简便。Web Storage 共有 Local Storage 和 Session Storage 两种实现方式。Local Storage 可永久保存数据,而 Session Storage 只在当前的会话中可用,一旦用户关闭窗口后,数据将被消除。因此,在构建地理信息应用时,可将需要永久保存的地理信息数据采用 Local Storage 进行保存,而一般数据则采用 Session Storage 保存。

构建地理信息应用不可避免地要与其他设备或服务器进行数据的共享和交互,除了设备需要具备网络接入的能力外,还需要采用合适的网络传输协议,HTML5 提供的 WebSocket 技术可发挥作用。WebSocket 是 HTML5 中最强大的通信功能,它基于统一底层 TCP/IP 连接,提供了一个全双工通信信道。传统上的 HTTP 通信主要有 Comet 和 Ajax 的 Polling、XHR long‐Polling 以及 streaming,这些方式不仅包头数据量大,还容易造成传输延迟。相反,WebSocket 大幅消减不必要的网络流量和时延,它的每个小时都是一个 WebSocket 帧,只有 2B 的流量,而非 XHR‐Polling 的 871B。移动终端的网络利库两通常比较优秀,而且网络环境也相对不太稳定,这时采用 WebSocket 可以有效节约用户网络流量,并且能尽量缩小时延以达到实时的目的。

对于地理信息系统来说,需要探索如何提供良好的地理信息共享形式,使得用户感知效果更佳,HTML5 Canvas 在这方面可发挥重要作用。Canvas 提供了使用 JavaScript 在网页上绘制二维图像的能力,画布是一个矩形区域,可以控制其每一像素,Canvas 拥有多种绘制路径、矩形、圆形、字符以及添加图像的方法,利用它可以绘制出需要的图像。然而,HTML5 Canvas 也存在缺点:一是开发困难,它缺少封装好的图形类和强大的设计工具;二是动画实现比较烦琐;三是缺少完整时间体系。因此,可以使用第三方的基于 Canvas 的 JavaScript 库,例如 EASELJS 等简化实现。

结论

本章介绍了海洋信息系统设计中的需求分析过程,总体设计以及详细设计等过程,为大家介绍了单服务两层/多层 C/S;MVC 结构;面向服务的 SOA 与多服务集合;数据交换总线等设计模式。通过对海洋空间数据库的设计方法、海洋地理信息系统所包含的基础服务、海洋地理信息的可视化技术等的介绍,使大家基本掌握了海洋信息系统的基础知识。

下篇

应 用 篇

第6章　海洋信息技术在海洋数据中心建设中的应用

海洋数据中心是在海洋相关科学长期积累的基础上,依托成熟的数据库管理和GIS技术,按照统一的标准,构建多分辨率、多时相、多类型的动态海洋时空数据平台,建立具有数据管理、维护、处理、加工等功能一体化的海洋数据中心,建立专题海洋数据同步节点和服务节点,为各类数据集中提供数据存储和管理平台,为各类业务系统提供数据支持。同时,利用数据仓库和数据挖掘技术,对海洋信息进行提取、集成、分析,为海洋管理科学决策提供支持。

海洋数据中心构建了5大类数据库:海洋环境基础数据库、海洋综合管理数据库、海洋应用服务数据库、海洋专题产品库和海洋元数据库。数据库系统分布式地部署在数据中心节点和环境监测中心等分节点。数据中心的主要功能是为应用系统和海洋地理信息系统平台提供异构、分布式数据集成和透明查询、检索服务。本章按照数据库建设流程完整地介绍了海洋数据中心的建设过程和相关技术,包括海洋数据中心建设目标、内容、总体设计、数据库系统设计、数据库管理系统功能、数据共享、安全控制等内容。

6.1　数据中心建设目标

数据中心总体建设目标是:按照统一的空间数据框架和层次布局规划,构建分布式海洋环境基础数据库系统,并围绕海洋的应用系统需求,构建面向各个应用主题的海洋综合管理专题数据库和海洋信息产品库。通过整合各种异构数据库系统,集成多元、多源、异构的海洋数据内容,实现海洋数据的逻辑集中管理,以及远程数据交换与共享和对外信息交换。

● 依托成熟的数据库技术,按照统一的标准,建立具有存储、管理、更新、维护、处理、加工等功能一体化的海洋数据中心;

● 实现海洋数据的逻辑集中管理,为各类业务系统提供数据支持;

● 建立数据安全存储与共享机制,保证数据的安全性、一致性与统一性;

● 提供远程数据共享与交换服务以满足上海市及经济、管理、国防、防灾减灾等领域对海洋数据的使用需求。

6.2 数据中心建设内容

数据中心建设的研究内容概括如下：

6.2.1 数据中心基础、专题、空间数据库建设

数据中心涉及的数据有：基础地理数据，包括空间数据和属性数据；遥感影像数据；海洋环境基础数据，如台站、水文、气象等观测数据；专题数据，如海洋经济、海洋灾害、海洋环境监测等调查资料。上述数据主要来源于专项调查和各历史专项，数据分散分布、数据量巨大，数据模型复杂多样。对数据中心建设中的数据进行统一规划和设计，构建多种数据库，满足不同应用系统和访问的需求。通过概念设计、逻辑设计、物理设计，确定使用的数据模型，给出数据库的 ER 图，合理设置关键字、引用，保证数据库的完整性和一致性。

数据中心还将建设元数据库，以方便用户对数据的查询、访问及统一管理，提高数据的使用效率。

6.2.2 基础、专题信息产品制作和管理

信息产品数据库则是在数据中心海洋基础空间地理数据库、海洋环境基础数据库、海洋综合管理专题数据库基础上形成的，是上述基础库的派生产品。信息产品库的内容包括基础地理数据产品和专题图数据产品。

基础地理数据产品的内容包括：沿海城市的基础地理数据（即底图、交通道路、行政街道和行政区）。

专题图数据产品的内容包括近海海洋综合调查与评价产品和专题图产品。

近海海洋综合调查与评价产品制作，提出制作的技术流程和技术方案，并完成空间数据模型的建立和数据的导入。

专题地图产品制作，提出不同专题图产品制作的技术流程和技术方案，并完成不同专题地图产品的制作。

6.2.3 数据中心综合管理平台系统的总体设计和实现技术

利用 Oracle 数据库提供的中间件等工具和技术，利用当前流行的编程语言环境搭建基于 B/S 架构的数据中心综合管理平台，验证上述技术方案的可行性和有效性。提出数据中心综合管理平台的总体结构设计和各功能模块设计技术方案：功能结构设计；数据流图分析；软件设计流程图；软件模块接口设计。

主要的研究内容包括：① 设计和实现数据管理功能；② 系统安全控制功能；③ 设计和实现数据共享系统。

6.3　数据中心总体设计

6.3.1　框架设计

数据中心总体构架如图 6-1 所示。

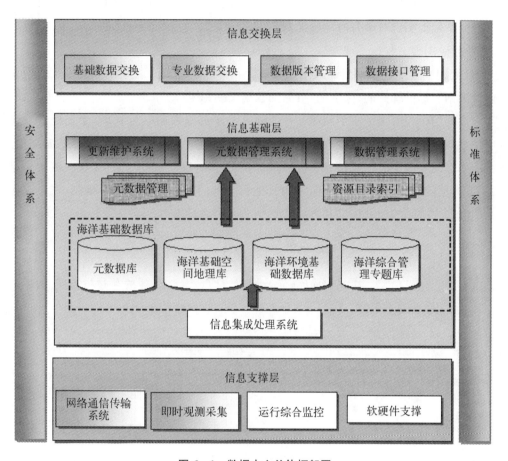

图 6-1　数据中心总体框架图

数据中心整体框架设计结构自下而上共分为三层：信息支撑层、信息基础层、信息交换层。各个层次之间通过相应的接口和函数有机的连接起来，从总体上保证了系统工程的模块化结构和功能构件划分。

具体层次包含主要内容如下：

(1) 信息支撑层。包括网络通信传输系统，海洋即时观测采集系统、运行综合监控系统及软硬件环境支撑等。

该层的核心内容以数据海洋主干网传输为基础，利用即时观测采集系统实现海洋信息(包括数据、文字、图表、图像、视频等)的动态监测、自动采集和实时在线分析，为海洋信息平台建设提供最基础、准确、可靠的数据源。

同时运行监控系统对数据中心内各个系统运行状况、网络传输情况等进行实时的监控以保证数据中心的正常运转。

（2）信息基础层。位于支撑层之上，是数据中心工程的核心，负责海域中所有对象、数据、信息、规律、方案和决策结果的存储、管理。主要建设内容包括海域多源数据集成系统、海洋资源数据库建设、海洋数据更新维护系统和海洋数据综合管理系统这五大部分。

在此基础上实现对所有海洋资源数据的综合处理、存储、管理、维护、转换、备份等功能，为业务应用提供数据管理支撑。

（3）信息交换层。该部分通过定制的适配器为该系统工程之间的各类相关应用系统和业务数据间提供统一的、标准的、可靠的数据交换、共享功能。

该设计的核心解决了两个问题：一是解决海洋资源数据综合管理；二是提供后台信息应用服务。该框架将允许授权用户从任何地点、在任何时间获取上海海域的海洋信息，支持应用部门获取实时在线信息；集成海域内各类型管理对象的信息，实现无缝的全息描述；保证数据的动态更新，方便与海域内其他行业部门建立合作和伙伴机制，建立连接和互补机制。在共同的公共标准和开放信息标准下实现互操作。

6.3.2 数据流程

数据中心建设包括：基础数据库、元数据库、信息产品库、数据存储与管理、数据共享与交换系统、数据安全系统。图6-2为数据中心的数据流程。

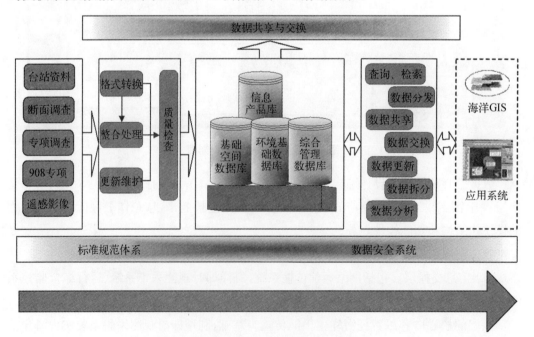

图6-2 数据中心数据流程图

（1）基础数据库构成海洋数据资源平台，为各类海洋应用提供数据支撑。

（2）信息产品库是在海洋基础空间地理数据库、海洋环境基础数据库、海洋综合管理数据等数据基础上，利用统计分析、信息提炼等技术手段，开发海洋基础信息产品及相关应用产品，对外发布，为服务对象提供服务。

（3）元数据库负责管理数据库，包括数据目录、数据库元数据、数据集元数据，按照元数据标准采集、建库，实现数据的管理和维护，为数据共享提供基础。

（4）数据共享与交换系统基于元数据数据库，建立数据中心数据共享与服务系统，实现网络数据交换和共享。

（5）数据安全系统保证数据的存储、管理、交换、共享、发布都在安全的环境下进行，防止信息泄露与窃取等。

6.3.3　拓扑结构

数据中心物理拓扑结构包括：主库服务器区、数据备份及管理设备区、数据生产设备区、交换服务支撑设备区，如图 6-3 所示。

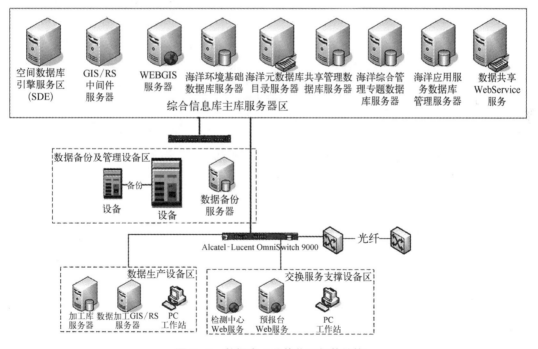

图 6-3　数据中心总体物理拓扑结构

主库服务器区部署空间数据引擎服务器、中间件服务器、WEBGIS 服务器、元数据目录服务器、元数据网关服务器和共享管理数据库服务器。支持建立基础数据库、标准数据产品库、元数据服务系统以及数据服务系统等。

数据生产设备区部署加工库服务器、数据加工 GIS/RS 服务器和 PC 工作站。在数据中心节点网络系统中,数据的生产加工与对外服务是分离的。数据的对外服务部署在隔离区,而数据的生产和加工部署于非对外服务区,通过数据的发布将生产数据发布到服务数据库中。

交换服务支撑设备区部署 WEB 中间件服务器、GIS/RS 中间件服务器、通用服务器和 PC 工作站。用于支持基础信息库系统的建立、维护。

网络管理工作区部署入侵监测分析服务器和 PC 工作站。通过网络管理区实现对数据中心的网络拓扑结构、网络设备的状态进行实时监控。

6.3.4　功能设计

海洋数据中心的功能模块设计包括:基础数据库管理系统模块、信息产品库管理系统模块、数据中心数据库管理系统模块、数据共享与交换系统模块。功能结构图如图 6-4 所示。

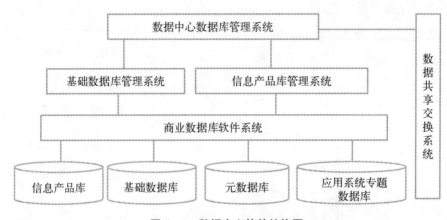

图 6-4　数据中心软件结构图

(1)基础数据库是相对产品数据库的。包括海洋基础空间地理数据库、海洋环境基础数据库、海洋综合管理数据库在内的数据中心建设中涉及的数据库内容。为便于基础数据库的使用及管理,基于成熟的商业数据库软件系统,设计能够对这些数据库进行管理的基础数据库管理系统模块。

(2)信息产品库管理系统的主要功能是服务于数据中心标准信息产品、成果产品的管理,并通过共享与交换系统,开展信息产品的对外服务。

(3)数据中心数据库管理系统是在基础数据库管理系统、信息产品库管理系统的础上建立的中心整体的数据管理系统,功能是实现数据中心所有数据的管理。

(4)数据共享与交换系统的功能模块包括:① 数据访问接口;② 基于元数据目录服务的海洋信息共享服务系统;③ 产品信息共享系统。

6.4　数据中心数据库系统设计

6.4.1　数据库系统概念设计

目前数据库设计工具多种多样,主要包括 BDB,ERWin,Power Design 等,其中 BDB 可作为跨平台数据库设计和数据库部署软件,ERWin 适合中小型数据库设计。Power Design 是 Sybase 推出的主要数据库设计工具,它采用基于 Entiry-Relation 的数据模型,分别从概念数据模型(Conceptual Data Model)和物理数据模型(Physical Data Model)两个层次对数据库进行设计,其中概念数据模型描述的是独立于数据库管理子系统(DBMS)的实体定义和实体关系定义,物理数据模型是在概念数据模型的基础上针对目标数据库管理子系统的具体化。

海洋数据中心数据库设计推荐统一使用 Sybase Power Designer 作为数据库逻辑模型的设计工具。所有的数据库对象尽可能在逻辑模型上进行设计,而且每个逻辑模型都要有相应的文字描述,相应逻辑模型可以方便地转换为数据库中的表结构,同时还可以方便修改。

数据中心所涉及数据包括两大类:地理空间数据、非空间数据。地理空间数据包括基础地理数据、遥感影像数据等。非空间数据主要包括:海洋环境基础数据、模型参数、系统管理中的用户数据等。其中,空间数据的存储管理分为矢量数据模型和栅格数据模型两种方式进行数据模型设计。

地理空间数据在本数据中心中占有相对重要的地位,而且由于空间数据具有的特殊性,因此在数据库的建设中要着重考虑的是地理空间数据。下面在概念模型设计方面主要介绍的是空间数据的概念模型设计方面。

空间数据的概念模型设计,是对所研究的客观空间对象进行抽象、描述和表达,逐步得到空间概念模型,进而转换为空间逻辑数据模型和物理数据模型。概念模型是地理空间中地理事物与现象的抽象概念集,是地理数据的语义解释,从计算机系统的角度来看,它是抽象的最高层。构造概念模型应该遵循的基本原则是:语义表达能力强,作为用户与 GIS 软件之间交流的形式化语言,应易于用户理解(如 ER 模型);独立于具体计算机实现,尽量与系统的逻辑模型保持同一的表达形式,不需要任何转换,或者容易向逻辑数据模型转换。

空间数据的概念模型,目前地理空间数据的逻辑模型分为三类,即对象模型、网络模型和场模型。

对象模型,是将地理现象和空间实体看作是独立的对象分布在地理空间中,按照空间特征,将地理空间对象分为点、线、面、体四种基本对象以及由此构成的复杂对象,对象间保持特定的关系,如点、线、面、体之间的拓扑关系。对象模型把地理现象当作空间要素

(Feature)或空间实体(Entity)。对象模型一般适合于对具有明确边界的地理现象进行抽象建模,如建筑物、道路、公共设施和管理区域等人文现象以及湖泊、河流、岛屿和森林等自然现象,因为这些现象可被看作是离散的单个地理现象。

场模型,是把地理空间中的现象作为连续的变量或体来看待,由于连续变化的空间现象难以观察,在研究实际问题中,往往在有限时空范围内获取足够高精度的样点观测值来表征场的变化。

网络模型也是描述不连续的地理现象,但它需要考虑通过路径相互连接多个地理现象之间的连通情况。现实世界许多地理事物和现象可以构成网络,如公路、铁路、通信线路、管道、自然界中的物质流、物量流和信息流等。

本数据中心采用的空间数据概念模型,如图6-5所示:

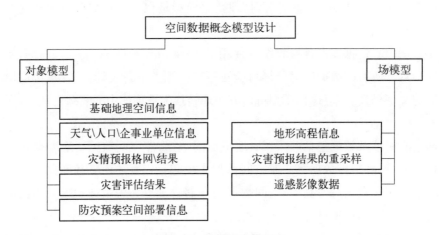

图6-5 数据概念模型图

6.4.2 数据库系统逻辑设计

数据逻辑模型作为概念模型向物理模型转换的桥梁,根据概念模型确定的信息内容,以计算机能理解和处理的形式具体地表达空间实体及其关系。针对对象模型和场模型两类概念模型,一般采用矢量数据模型、栅格数据模型、矢量—栅格一体化数据模型、镶嵌数据模型、面向对象数据模型等逻辑模型来进行空间实体及其关系的逻辑表达。空间数据概念模型与逻辑模型不是一一对应的,而是存在着一定的交叉关系。

矢量—栅格空间数据模型提出较晚,在数据表达时引入了一定的数据冗余,实际上目前较常采用的空间数据逻辑模型主要还是矢量和栅格两种。

矢量数据模型,是一种产生于计算机地图制图的数据模型,适合于用对象模型抽象的地理空间对象。在矢量数据模型中,点实体用一对空间坐标表示,2D空间中对应为(x, y);线实体由一串坐标对组成,2D空间中表示为$(x_1, y_1), (x_2, y_2) \cdots (x_n, y_n)$;面由其边界线表示,表示为首尾相连的坐标串,2D空间中对应为$(x_1, y_1), (x_2, y_2) \cdots (x_n, y_n)$,

(x_1，y_1）。每一个实体都给定一个唯一标识符（Identifier）来标识该实体。矢量数据模型能够精确地表示点、线及多边形面的实体，可以明确地描述图形要素间的拓扑关系，并且能方便地进行比例尺变换、投影变换以及输出到笔式绘图仪上或视频显示器上。

栅格数据模型，较适宜于用场模型抽象的空间对象，采用面域或空域的枚举来直接描述空间实体。在栅格数据模型中，点实体是一个栅格单元（cell）或像元，线实体由一串彼此相连的像元构成，面实体则由一系列相邻的像元构成，像元的大小是一致的，每个像元对应于一个表示该实体属性的值。栅格单元的形状通常是正方形，有时也采用矩形。栅格的行列信息和原点的地理位置被记录在每一层中。栅格数据模型的优点是不同类型的空间数据层可以进行叠加操作，不需要经过复杂的几何计算，但对于比例尺变换、投影变换等则操作不太方便。

比选上述逻辑数据模型，本数据中心主要采用矢量数据模型存储概念模型设计的中对象模型数据和网络模型的数据；用栅格数据模型存储场模型数据。

具体的空间数据逻辑模型设计如下图所示。

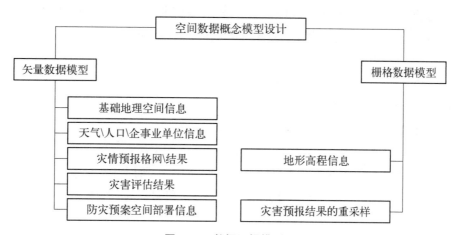

图 6-6 数据逻辑模型图

6.4.3 数据库系统物理设计

（1）数据库系统与操作系统环境。系统采用大型数据库系统 Oracle10g，操作系统采用 Sun Solaris SPARC64 位小型机系统或 HP9000 系列小型机系统。

（2）内存组织。缓冲区总量采用 800 MB，采用 1 GB 的表空间存放专用数据库数据，并使表空间可以自由扩展。

由于系统运行中，需要将应用程序产生的结果数据存入到数据库中，相应数据库需要频繁添加数据，所以需要分配较大的数据缓冲区、日志缓冲区，并且在系统运行中，还需要频繁读取有关元数据信息，因此相应数据缓冲区也要调高。

由于 Oracle 能够自动管理内存，用户和应用程序不必进行太多考虑和设计。

对于 Unix 操作系统下的数据库，由于在正常情况下 Oracle 对 SGA 的管理能力不超过 1.7G。所以总的物理内存在 4G 左右。SGA 的大小为物理内存的 50%～75%。

（3）交换区设计。当物理内存在 2G 以下的情况下,交换分区 swap 为物理内存的 3 倍,当物理内存＞2G 的情况下,swap 大小为物理内存的 1～2 倍。

（4）数据存储结构。Oracle10g 中,物理上包含数据文件、日志文件和系统文件,数据库逻辑上由表空间、段、区和数据块组成。通过表空间和存储结构,能实现磁盘空间使用的细粒度控制。由于 Oracle10g 中可以分别创建多个表空间用于存储用户数据、索引、段和数据字典等,并提供灵活的系统扩充方式,相应的数据库的逻辑存储结构对用户和程序来说都是透明的,不需要过多考虑和设计。

6.4.4 元数据库设计

根据数据中心整体设计,海洋数据中心元数据库建设包含如下两部分内容:

（1）数据目录,海洋数据中心总的数据目录,包括海洋基础空间地理数据库、海洋环境基础数据、海洋综合管理数据库和信息产品库。

（2）数据库元数据,以 26 类基础数据库及 13 类信息产品库为对象描述的元数据。

数据集元数据,以数据集为描述对象的元数据,也是综合信息库及产品库元数据库的主要内容,其执行的标准在标准规范部分列出。

元数据库分为 2 个层次:第一层次为数据目录和数据库层次的元数据,分别以不同的数据文件管理。第二层次为数据集层次的元数据,它以数据库为组织单元,对该数据库内数据集进行描述。

基础数据库及产品库元数据库的管理由数据中心的交换系统统一管理。由于数据集层次的元数据采集是由数据节点和数据中心共同完成的,所以在数据节点有对应的元数据管理;这些元数据信息进入到数据中心后经过补充和调整进入到元数据库中。信息产品库元数据在数据中心加工并加入到元数据库。

1. 元数据库设计原则

ISO 19115 元数据标准定义了元数据组成元素,提供了一个元数据描述模式,建立了一个公共的元数据术语、定义和扩展程序集合。对于数据生产者而言,这个标准提供了正确描述地理数据集的适宜信息,有助于元数据的组织和管理;对数据使用者而言,有助于地理数据集的发现、获取和重复使用,帮助数据使用者决定地理数据集是否满足应用需求。数据提供者依据元数据标准定义元数据,数据使用者依据元数据标准查找和访问元数据,元数据作为数据提供者和数据使用者间接交流的中介。

该标准规定元数据内容由三种成分构成:元数据子集、元数据实体和元数据元素。元数据元素是元数据的最基本的信息单元,元数据实体是同类元数据元素的集合,元数据子集是相互关联的元数据实体和元素的集合。在同一个子集中,实体可以有两类即简单实体和复合实体,简单实体只包含元素,复合实体既包含简单实体又包含元素,同时复合实体与简单实体及构成这两种实体的元素之间具有继承关系。元数据经常被定义为"关于数据的数据"。元数据是使数据可用的附加信息(除了空间数据和属性数据外),也就是为了运用这些数据所必须了解的一些信息。

元数据将尽可能地反映数据集自身的变化规律,以便于用户对数据集的准确、高效与充分的开发与利用。不同领域的数据库,其元数据有很大的差别,但归纳起来,元数据的内容包括对数据集的描述;对数据集中各数据项、数据来源、数据所有者及数据序列(数据生产历史)等的说明;对数据质量的描述,如数据精度、数据的逻辑一致性、数据完整性、分辨率、元数据的比例尺等;对数据处理信息的说明,如量纲的转换等;对数据转换方法的描述;对数据库的更新、集成方法等的说明。

本数据中心元数据库的建设分为空间数据的元数据建设和属性数据的元数据建设两部分;系统元数据库的设计分别按概念设计、逻辑设计和物理设计的步骤进行。

2. 元数据库概念设计

(1)空间数据的元数据概念模型。主要完成元数据库中元数据子集、元数据实体和元数据元素的组成以及它们之间的关系。数据库概念模式的设计是数据库设计过程中最重要的环节之一,概念模式设计的优劣对数据库的使用、维护有很大的影响,也是管理信息系统设计成败的关键。在数据库的概念设计中,通常采用 E‐R 数据模型来表示数据库的概念结构。

图 6‐7 为海洋基础数据集实体概念模型:

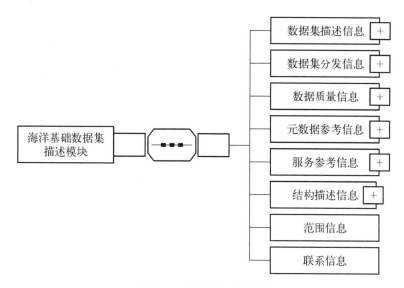

图 6‐7　数据集实体模型

其中复合元素用符号 + 表示,并有下一级图例说明。子元素之间可以同时著录,用符号 ⬡ 表示。

图 6‐8 至图 6‐14 为数据集描述信息实体模型,即关于基础数据集的基本描述信息:

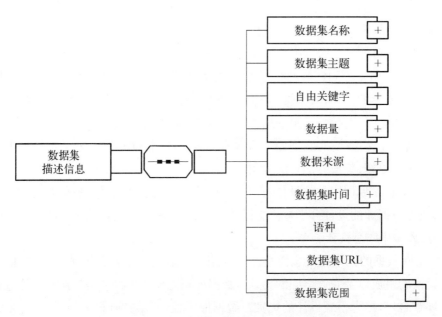

图 6-8　数据集描述信息实体模型

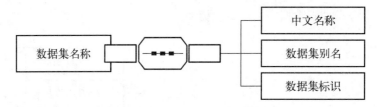

图 6-9　数据集名称实体模型

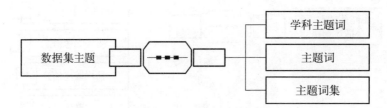

图 6-10　数据集主题实体模型

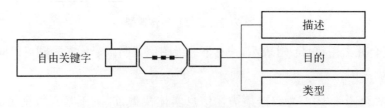

图 6-11　自由关键字实体模型

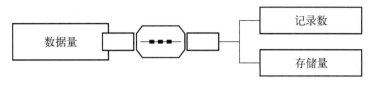

图 6‑12　数据量实体模型

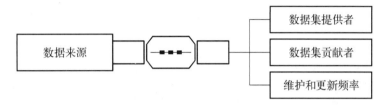

图 6‑13　数据来源实体模型

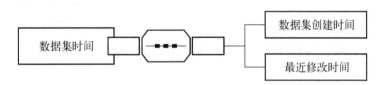

图 6‑14　数据集时间实体模型

图 6‑15 为数据质量信息实体模型,记录数据集质量状况的信息。

图 6‑16 为数据集分发信息实体模型,定义了关于数据集分发和获取的信息。

图 6‑17 为核心元数据参考信息实体模型,定义了有关数据集元数据的信息描述。

元数据联系信息是一个复合元素,其实体模型见下述联系信息实体模型。

图 6‑18 为服务参考信息实体模型,定义了数据集提供服务所需要各项技术参数的信息元数据说明。

图 6‑19 和图 6‑20 为数据结构描述信息实体模型,定义了数据集存储实体的结构描述信息。

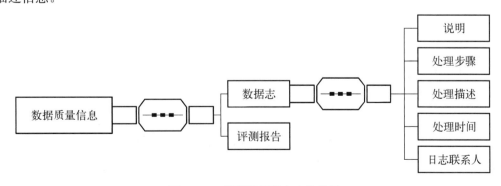

图 6‑15　数据质量信息实体模型

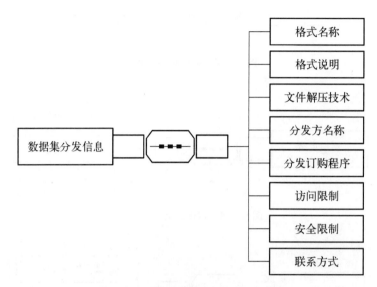

图 6‑16 数据集分发信息实体模型

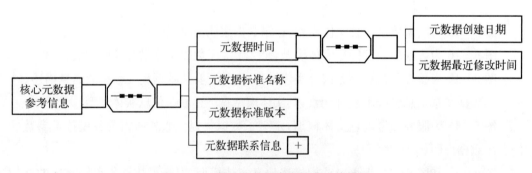

图 6‑17 核心元数据参考信息实体模型

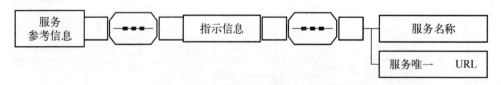

图 6‑18 服务参考信息实体模型

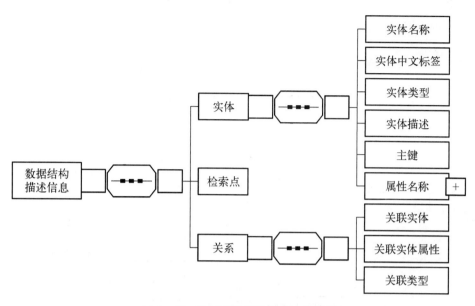

图 6 - 19　数据结构描述信息实体模型

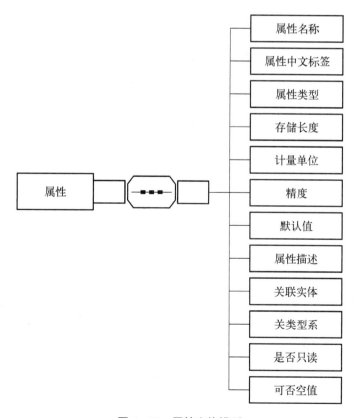

图 6 - 20　属性实体模型

图 6－21 至图 6－23 为范围信息实体模型,定义了数据资源所涉及的分类、时间、空间范围的描述信息:

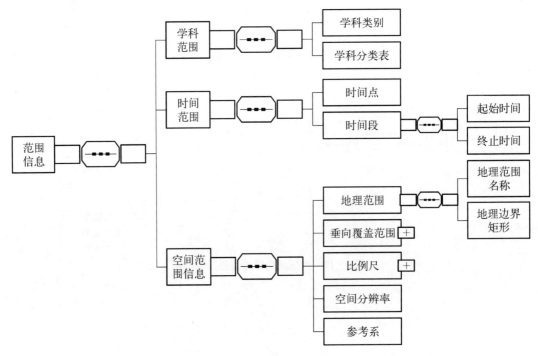

图 6－21　范围信息实体模型

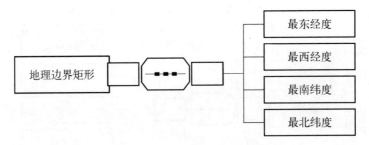

图 6－22　地理边界矩形实体模型

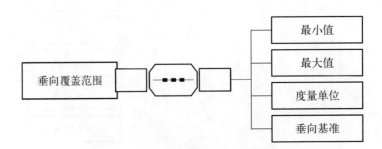

图 6－23　垂向覆盖范围实体模型

图 6－24 为联系信息实体模型,定义了与数据集有关的人和组织的联系信息:

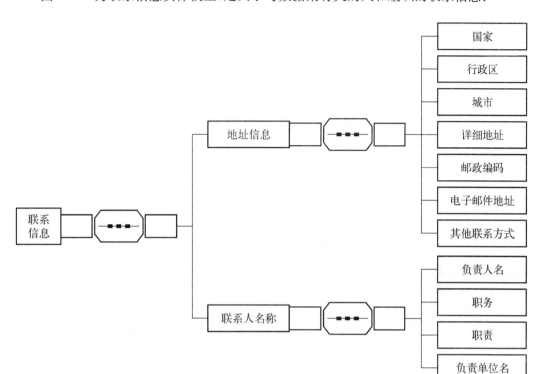

图 6－24　联系信息实体模型

(2) 属性数据的元数据概念设计。

图 6－25 为属性数据库目录信息实体模型:

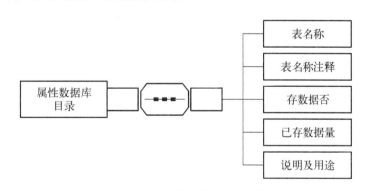

图 6－25　属性数据库目录信息实体模型

图 6－26 为属性数据库表结构信息实体模型。

(3) 服务元数据概念设计。

在计算机技术和互联网技术为主导的信息技术蓬勃发展的今天,规范化的实体生产和服务已经充斥着社会的各个领域,特别是以计算机技术处理并提供服务的实体,其服务具有很高的规范化,因此,也有必要对其规范化服务给予适当的元数据描述。而且服务元

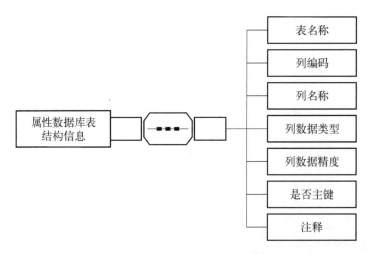

图 6‑26　属性数据库表结构信息实体模型

数据为同类实体资源整合、服务共享提供更好的支持。

图 6‑27 为数据集连接服务实体模型,数据集连接服务是指数据集和数据集系统的访问连接服务,是数据集提供用户的最基本服务,也是所有服务的基础:

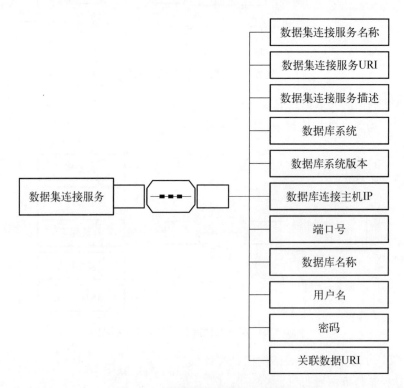

图 6‑27　数据集连接服务实体模型

图 6‑28 为数据访问中间件服务实体模型,中间件是客户机/服务器应用模式下,用来支持客户机和服务器对话的各种分布式软件的总称:

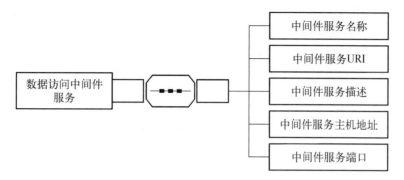

图 6 – 28　数据访问中间件服务实体模型

图 6 – 29 为 WWW 服务实体模型,WWW 服务指数据集通过网络提供的具体功能性服务,用于基于 WWW 的内容检索:

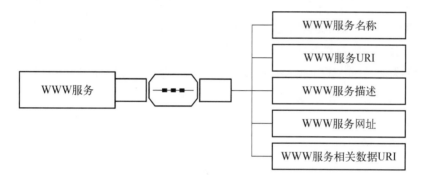

图 6 – 29　WWW 服务实体模型

图 6 – 30 为 FTP 服务实体模型,FTP 服务是计算机之间文件传输协议:

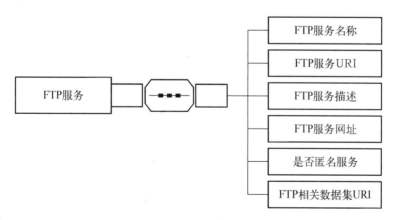

图 6 – 30　FTP 服务实体模型

3. 元数据库逻辑模型设计

1)空间数据的元数据逻辑模型

根据空间数据的元数据概念设计中的模型,结合范式设计理论和主键标识定义数据表和属性字段。由于元数据库中为一个对象建立的元数据记录比较少,为了提高访问的效率,我在设计逻辑模型时并未全部遵循 3NF 范式标准,而是采取了一定的冗余设计。因为符合 3NF 范式设计,主要是解决数据更新时数据的一致性和更新异常问题,但符合 3NF 范式的模式分解会导致数据查询时出现不同数据表之间的连接操作,通常隐含在用户视图逻辑中,从而使得数据访问的响应较慢,同时在数据输入时两个数据表之间的关联需要通过软件进行控制。通过元数据库的概念模式设计,尽管一个实体包含了复合元素的成分,比如海洋基础数据集元数据实体模型中的联系信息,但联系信息不会在数据查询访问中作为一个独立的信息单元出现,总是作为海洋基础数据集元数据的一个组成部分出现。不同的海洋基础数据集元数据共享联系人的程度不高,并且一个海洋基础数据集只对应一个元数据记录,所以联系人信息发生更新时,出现数据不一致的情况很少发生,而且维护海洋基础数据集元数据的工作量不大,只涉及一条记录,并且海洋基础数据集的生产单位通常是比较专业的职能单位,联系人数据的稳定性很高,所以从考虑数据访问的效率出发,同时结合数据更新维护的实际情况,元数据库不做联系信息的模式分解,即联系人信息包含在海洋基础数据集元数据的模式中,不做符合 3NF 范式的设计。表 6-1至表 6-10 为元数据库的逻辑设计模式,包括标识信息、数据质量、空间参照系、空间数据表示信息、内容信息、空间数据分发信息、空间数据元数据信息、数据维护更新信息、属性数据库目录信息、属性数据表结构信息等。

数据集元数据标识信息见表 6-1。

表 6-1 标识信息表

表名	Met_Iden_Info					
表说明	元数据的信息标识描述					
数据类型	关系型数据					
序号	字 段 名 称	字 段 类 型	主键	外键	为空	索引	说　明
---	---	---	---	---	---	---	---
1	Info_mdID	Number(8)	Y	N	N	Y	元数据 ID
2	Info_idResName	VarChar2(100)	N	N	N	N	数据资源名称(数据库名称)
3	Info_idResDate	Date	N	N	N	N	数据资源的生产日期
4	Info_idResEdition	Number(2,2)	N	N	Y	N	数据资源的版本号
5	Info_idResEdDate	Date	N	N	Y	N	数据资源的版本日期
6	Info_idRespresForm	Number(10)	N	N	Y	N	数据资源的表达形式
7	Info_idResLang	VarChar2(20)	N	N	Y	N	语种
8	Info_IdResChar	Number(3)	N	N	Y	N	字符集
9	Info_idResFormat	VarChar2(40)	N	N	N	N	数据资源分发者提供的数据交换格式名称

（续表）

序号	字 段 名 称	字 段 类 型	主键	外键	为空	索引	说　　明
10	Info_idResFmtVer	Number(2,2)	N	N	N	N	数据格式的版本号
11	Info_idResAbstract	Clob	N	N	N	N	数据集摘要
12	Info_idResPurpose	Clob	N	N	Y	N	数据资源目的
13	Info_idCredit	VarChar2(40)	N	N	Y	N	数据资源可信度
14	Info_idResCode	VarChar2(20)	N	N	Y	N	数据库编码
15	Info_idDBTables	Number(20)	N	N	Y	N	数据表数
16	Info_idDBRecords	Number(20)	N	N	Y	N	记录数
17	Info_idDataVolume	Number(10,2)	N	N	Y	N	数据量(兆)
18	Info_idStatus	Number(8)	N	N	N	N	资料资源状况(代码表)
19	Info_idTopicCatagory	Number(8)	N	N	N	N	资料集的主要专题(代码表)
20	Info_idSpatRPType	Number(8)	N	N	N	N	数据集标识地理信息的方法(代码表)
21	Info_dataScale	VarChar2(256)	N	N	Y	N	数据集空间数据密度的参数。如比例尺分母、平均地面采样间隔等
22	Info_imageID	VarChar2(256)	N	N	Y	N	影像覆盖的列和行标识
23	Info_keyword	Number(8)	N	N	Y	N	描述主题的通用词、形式化词或短语
24	Info_keyType	Number(8)	N	N	Y	N	关键词分类
25	Info_leftTopLongitue	Varchar2(30)	N	N	Y	N	数据集覆盖范围左上角经度
26	Info_leftTopLatitude	Varchar2(30)	N	N	Y	N	数据集覆盖范围左上角纬度
27	Info_rightBottomLongitue	Varchar2(30)	N	N	Y	N	数据集覆盖范围右下角经度
28	Info_rightBottomLatitude	Varchar2(30)	N	N	Y	N	数据集覆盖范围右下角纬度
29	Info_beginDate	Date	N	N	N	N	数据集原始数据生成或采集的起始时间 CCYY-MM-DD

（续表）

序号	字 段 名 称	字 段 类 型	主键	外键	为空	索引	说　明
30	Info_endDate	Date	N	N	N	N	数据集原始数据生成或采集的终止时间 CCYY-MM-DD
31	Info_vertMinValue	Number(8)	N	N	Y	N	数据集包含的垂向范围最低值
32	Info_vertMaxValue	Number(8)	N	N	Y	N	数据集包含的垂向范围最高值
33	Info_vertUoMeasure	VarChar2(256)	N	N	Y	N	用于垂向范围信息的度量单位
34	Info_VertDatumName	Varchar2(256)	N	N	Y	N	垂向坐标参照系统
35	Info_idGrpOvrName	Varchar2(80)	N	N	Y	N	快视图名称
36	Info_idGrpOvrDesc	VarChar2(80)	N	N	Y	N	快视图描述
37	Info_idGrpOvrFileType	Varchar2(80)	N	N	Y	N	文件类型(JPG)
38	Info_useLimit	Varchar2(100)	N	N	Y	N	影响数据资源适用性的限制,如"不可用于导航"
39	Info_accessConstraints	Number(8)	N	N	Y	N	获取数据资源的限制
40	Info_useConstraints	Number(8)	N	N	Y	N	使用限制
41	Info_secClassification	Number(8)	N	N	Y	N	安全限制
42	Info_rpOrgName	VarChar2(1000)	N	N	Y	N	数据资源负责单位名称
43	Info_role	Varchar2(50)	N	N	Y	N	负责单位职责
44	Info_rpInName	Varchar2(100)	N	N	Y	N	负责人姓名
45	Info_rpIndPosName	Varchar2(100)	N	N	Y	N	负责人职务
46	Info_voiceNumber	Varchar2(500)	N	N	N	N	负责单位或个人电话
47	Info_faxNmuber	VarChar2(256)	N	N	N	N	负责单位或个人传真
48	Info_cntDelPoint	Varchar2(1000)	N	N	N	N	详细位置:路名、门牌号
49	Info_city	Varchar2(256)	N	N	N	N	所在城市名
50	Info_adminArea	Varchar2(256)	N	N	N	N	所在省(直辖市、自治区)
51	Info_postCode	Number(8)	N	N	N	N	邮政编码

数据集元数据质量见表 6-2。

表 6-2　数据质量表

表名	Met_Data_Qual					
表说明	数据质量表包括记录数据集对元数据的标识信息描述的字段。					
数据类型	关系型数据					

序号	字 段 名 称	字 段 类 型	主键	外键	为空	索引	说　　明
1	info_mdID	Number(8)	Y	N	N	Y	元数据 ID
2	Qual_dqDataLevel	Number(8)	N	N	Y	N	数据层次
3	Qual_dqComplete	Clob	N	N	Y	N	完整性：数据实体、属性和实体关系的存在、多余、缺失的程度。
4	Qual_dqLogConsis	Clob	N	N	Y	N	逻辑一致性：数据结构、属性关系及关系的逻辑规则的一致性程度的说明，包括概念、值域、格式以及拓扑关系一致性。
5	Qual_posAccuracy	Clob	N	N	Y	N	位置准确度：包括外部绝对位置准确度、内部相对位置准确度、格网数据位置准确度。
6	Qual_themAccuracy	Clob	N	N	Y	N	专题准确度：专题分类准确性、定量属性准确度、非定量属性准确度。
7	Qual_dqSrcName	Varchar2(1000)	N	N	Y	N	数据源的名称
8	Qual_dqSrcDate	Date	N	N	Y	N	数据源的创建日期
9	Qual_dqSrcInfo	Clob	N	N	Y	N	数据源信息：数据源的详细说明，包括数据源的时空范围、精度、可靠性以及介质等说明。
10	Qual_dqSrcScale	Number(10)	N	N	Y	N	数据源比例尺分母
11	Qual_dqSrcMediaType	Clob	N	N	Y	N	数据源媒体类型
12	Qual_dqSrcReferenceSystem	VarChar2(1000)	N	N	Y	N	数据源使用的空间参照系
13	Qual_dqSrcTempReference	VarChar2(1000)	N	N	Y	N	数据源时间参照信息
14	Qual_dpProcReason	Clob	N	N	Y	N	处理原因
15	Qual_dqProcTemp	Date	N	N	Y	N	处理时间
16	Qual_dpProcAuthorDesc	VarChar2(1000)	N	N	Y	N	处理者单位

（续表）

序号	字 段 名 称	字 段 类 型	主键	外键	为空	索引	说　明
17	Qual_dqContact	VarChar2(1000)	N	N	Y	N	处理者联系信息
18	Qual_dqProDesc	Clob	N	N	N	N	处理步骤描述：数据采集、处理及更新的规范（或要求）、方法、参数等的说明。
19	Qual_dqEvaluateType	VarChar2(100)	N	N	Y	N	质量评价方法类型
20	Qual_dqEvaluateDesc	Clob	N	N	Y	N	质量评价方法说明
21	Qual_dqEvaluateDept	VarChar2(50)	N	N	Y	N	数据集质量评价单位
22	Qual_dqEvaluateData 改为 e	Date	N	N	Y	N	数据集质量评价规范发行日期
23	Qual_dqEvaSpecifName	VarChar2(256)	N	N	Y	N	数据集质量评价规范名称
24	Qual_dqEvaSpecifDate	Date	N	N	Y	N	数据集质量评价规范发行日期
25	Qual_dqEvaluateExplain	Clob	N	N	Y	N	数据集质量评价解释
26	Qual_dqEvaluatePass	Char(1)	N	N	Y	N	数据集质量评价是否通过
27	Qual_dqErrStat	Clob	N	N	Y	N	误差统计

数据集元数据空间参照系见表 6-3。

表 6-3　空间参照系表

表名	Met_Spa_Refe						
表说明	空间参照系表包括记录空间参照系的字段。						
数据类型	关系型数据						
序号	字 段 名 称	字 段 类 型	主键	外键	为空	索引	说　明
1	Info_mdID	Number(8)	Y	N	N	Y	元数据 ID
2	Refe_refSysName	Clob	N	N	Y	N	基于地理标识的空间参照系名称
3	Refe_projection	Varchar2(40)	N	N	Y	N	所用投影的名称
4	Refe_ellipsoid	VarChar2(40)	N	N	Y	N	所用椭球体的名称
5	Refe_datum	Number(4)	N	N	Y	N	所用基准的名称代码
6	prjPara_bandNo	Number(8)	N	N	Y	N	投影带号

（续表）

序号	字 段 名 称	字 段 类 型	主键	外键	为空	索引	说 明
7	prjPara_stdparll	Number(8)	N	N	Y	N	标准纬线
8	prjPara_longcm	Number(8)	N	N	Y	N	中央经线
9	prjPara_latprjo	Number(8)	N	N	Y	N	投影原点纬度
10	prjPara_feast	Number(8)	N	N	Y	N	东移假定值
11	prjPara_fnorth	Number(8)	N	N	Y	N	北移假定值
12	prjPara_fUnit	Varchar2(500)	N	N	Y	N	东移北移假定值度量单位
13	prjPara_sfequat	Number(8)	N	N	Y	N	赤道比例因子
14	prjPara_heightpt	Number(8)	N	N	Y	N	透视点高度
15	prjPara_longpc	VarChar2(30)	N	N	Y	N	投影中心经度
16	prjPara_latprjc	VarChar2(30)	N	N	Y	N	投影中心纬度
17	prjPara_sfctrlin	Number(8)	N	N	Y	N	中心线比例因子
18	prjPara_obqlazim	Number(8)	N	N	Y	N	倾斜线方位角
19	prjPara_azimangl	Number(8)	N	N	Y	N	方位角
20	prjPara_azimptl	VarChar2(30)	N	N	Y	N	方位测量点经度
21	prjPara_obqlpt	Number(8)	N	N	Y	N	倾斜线点
22	prjPara_obqllat	VarChar2(30)	N	N	Y	N	倾斜线纬度
23	prjPara_obqllong	VarChar2(30)	N	N	Y	N	倾斜线经度
24	prjPara_svlong	VarChar2(30)	N	N	Y	N	从极点起算的垂直经度
25	prjPara_sfprjorg	Number(8)	N	N	Y	N	投影原点比例因子
26	prjPara_sfctrmer	Number(8)	N	N	Y	N	中央经线比例因子
27	prjPara_landsat	Number(8)	N	N	Y	N	陆地卫星数量
28	prjPara_pathnum	Number(8)	N	N	Y	N	轨道号
29	elliPara_longAxis	Number(8)	N	N	Y	N	椭球长半轴
30	elliPara_axisUnit	VarChar2(256)	N	N	Y	N	椭球轴单位
31	elliPara_flatDenm	Number(8)	N	N	Y	N	椭球扁率分母
32	Refe_verRSID	VarChar2(512)	N	N	Y	N	垂向坐标参照系名称

空间数据表示信息见表 6-4。

表 6-4　空间数据表示信息表

表名	Met_Spa_Exp					
表说明	空间数据表示信息表包括描述空间信息表示方法的字段。					
数据类型	关系型数据					

序号	字 段 名 称	字 段 类 型	主键	外键	为空	索引	说　明
1	Info_mdID	Number(8)	Y	N	N	Y	元数据 ID
2	Exp_topoType	Number(3)	N	N	Y	N	向量空间表示法中的拓扑等级
3	Exp_geoTypeNumer	Number(6)	N	N	Y	N	几何对象类型个数
4	Exp_geoType	Varchar2(20)	N	N	Y	N	几何对象类型
5	Exp_geoObjectNumber	Number(8)	N	N	Y	N	同类几何对象的个数
6	Exp_dimensionNumer	Number(1)	N	N	Y	N	格网空间表示法中的维数
7	Exp_dimensionName	Varchar2(20)	N	N	Y	N	维的名称
8	Exp_dimensionValue	Number(6)	N	N	Y	N	维的值
9	Exp_dimensionReso	Number(16,6)	N	N	Y	N	维的分辨率
10	Exp_gridUnitType	Varchar2(20)	N	N	Y	N	格网单元几何类型
11	Exp_convParaAvail	Char(1)	N	N	Y	N	转换参数可用性

内容信息见表 6-5。

表 6-5　内容信息表

表名	Met_content_cvg					
表说明	内容信息表包括记录数据集内容信息的字段,定义与数据层内容和用于确定要素的要素类目有关的元资料。					
数据类型	关系型数据					

序号	字 段 名 称	字 段 类 型	主键	外键	为空	索引	说　明
1	Info_mdID	Number(8)	Y	N	N	Y	元数据 ID
2	cvg_language	Varchar2(50)	N	N	Y	N	语言种类
3	cvg_bFeatCatg	Char(1)	N	N	N	N	是否有要素类目
4	cvg_featureTypes	Clob	N	N	N	N	具有同类属性的要素(实体)的类型,以","分隔
5	cvg_attributeList	Clob	N	N	Y	N	要素(实体)类主要属性名称:要素类型,属性类表…

（续表）

序号	字 段 名 称	字 段 类 型	主键	外键	为空	索引	说　明
6	cvg_featCatgName	Varchar2(50)	N	N	Y	N	要素类目名称
7	cvg_featCatgDate	Date	N	N	Y	N	要素类目创建日期
8	cvg_coverageContentType	Varchar2(50)	N	N	Y	N	用格网单元值表示的信息类型
9	cvg_hAngle	Number(8)	N	N	Y	N	入射高度角
10	cvg_azimAngle	Number(8)	N	N	Y	N	入射方位角
11	cvg_phCond	Number(8)	N	N	Y	N	摄影条件
12	cvg_imgQual	Varchar2(100)	N	N	Y	N	影像质量
13	cvg_clCvProp	Number(8)	N	N	Y	N	云斑覆盖比例
14	cvg_procRank	Varchar2(500)	N	N	N	N	处理等级
15	cvg_cmpTimes	Number(8)	N	N	Y	N	压缩次数
16	cvg_radAdjustAval	Char(1)	N	N	Y	N	三角测量指示符
17	cvg_ortAdjustAval	Char(1)	N	N	Y	N	正射校正数据可用性
18	cvg_camVerfAval	Char(1)	N	N	Y	N	相机校验信息可用性
19	cvg_fmlAberranceAval	Char(1)	N	N	Y	N	胶片畸变信息可用性
20	cvg_lenAberranceAval	Char(1)	N	N	Y	N	镜头畸变信息可用性
21	cvg_maxWavLength	Number(16)	N	N	Y	N	最大波长
22	cvg_minWavLength	Number(16)	N	N	Y	N	最小波长
23	cvg_wavLengthUnit	Varchar2(50)	N	N	Y	N	波长单位
24	cvg_wavPeakResp	Number(8)	N	N	Y	N	波峰回应
25	cvg_bitNum	Number(8)	N	N	Y	N	每个值比特数
26	cvg_clrLevel	Number(8)	N	N	Y	N	色阶
27	cvg_scale	Number(8)	N	N	Y	N	比例因子
28	cvg_offset	Number(8)	N	N	Y	N	偏移量

空间数据分发信息见表 6 - 6。

表 6 - 6　空间数据分发信息表

表名	Met_Issu_Info						
表说明	空间数据表示信息表包括描述空间信息表示方法的字段。						
数据类型	关系型数据						
序号	字 段 名 称	字 段 类 型	主键	外键	为空	索引	说　明
1	Info_mdID	Number(8)	Y	N	N	Y	元数据 ID

（续表）

序号	字 段 名 称	字 段 类 型	主键	外键	为空	索引	说 明
2	Info_rpOrgName	Varchar2(100)	N	N	N	N	负责单位名称
3	Info_role	VarChar2(200)	N	N	Y	N	负责单位职责
4	Info_rpInName	VarChar2(200)	N	N	N	N	负责人姓名
5	Info_rpIndPosName	VarChar2(200)	N	N	Y	N	负责人职务
6	Info_voiceNumber	VarChar2(200)	N	N	N	N	负责单位或个人电话
7	Info_faxNmuber	VarChar2(200)	N	N	N	N	负责单位或个人传真
8	Info_cntDelPoint	VarChar2(200)	N	N	N	N	详细位置：路名、门牌号
9	Info_city	VarChar2(200)	N	N	N	N	所在城市名
10	Info_adminArea	VarChar2(200)	N	N	N	N	所在省(直辖市、自治区)
11	Info_postCode	Number(8)	N	N	N	N	邮政编码
12	Info_country	Varchar2(500)	N	N	N	N	所在国家
13	Info_eMailAdd	Varchar2(500)	N	N	N	N	联系电子邮件地址
14	Info_linkage	Varchar2(500)	N	N	N	N	可在线获取数据集的在线资源地址
15	Info_trfVolume	Varchar2(500)	N	N	Y	N	在线传输数据量
16	Info_decompTech	Varchar2(500)	N	N	Y	N	解压缩技术
17	Info_mediaType	Varchar2(500)	N	N	Y	N	离线分发介质类型
18	Info_mediaDesc	Varchar2(500)	N	N	Y	N	介质说明
19	Info_distroOrdPrc	Varchar2(500)	N	N	Y	N	获取数据集的流程
20	Info_fee	Varchar2(500)	N	N	Y	N	费用说明
21	Info_presForm	Number(8)	N	N	N	N	数据集表达形式

空间数据元数据信息见表 6-7。

表 6-7 空间数据元数据信息表

表名	Met_Sptial_info						
表说明	空间数据元数据信息表						
数据类型	关系型数据						
序号	字 段 名 称	字 段 类 型	主键	外键	为空	索引	说 明
1	info_mdID	Number(8)	Y	N	N	Y	元数据 ID
2	info_mdTitle	VarChar2(100)	N	N	Y	N	元数据名称

（续表）

序号	字 段 名 称	字 段 类 型	主键	外键	为空	索引	说　明
3	info_mdDate	Date	N	N	N	N	元数据创建日期
4	info_mdLang	VarChar2(20)	N	N	Y	N	元数据采用的语种
5	info_mdChar	Number(3)	N	N	Y	N	字符集
6	info_mdDateStamp	VarChar2(256)	N	N	N	N	数据资源的表达形式
7	info_mdEdition	Number(2,2)	N	N	N	N	元数据版本号
8	info_mdLevel	Number(8)	N	N	N	N	元数据层级,如"数据集"
9	info_rpOrgName	VarChar2(256)	N	N	N	N	元数据负责单位名称
10	info_role	VarChar2(256)	N	N	Y	N	元数据负责单位职责
11	info_rpInName	VarChar2(256)	N	N	N	N	元数据负责人姓名
12	info_rpIndPosName	VarChar2(256)	N	N	Y	N	元数据负责人职务
13	info_voiceNumber	VarChar2(256)	N	N	N	N	元数据负责单位或个人电话
14	info_faxNmuber	VarChar2(256)	N	N	N	N	负责单位或个人传真
15	info_cntDelPoint	VarChar2(256)	N	N	N	N	详细位置:路名、门牌号
16	info_city	VarChar2(100)	N	N	N	N	所在城市名
17	info_adminArea	VarChar2(100)	N	N	N	N	所在省(直辖市、自治区)
18	info_mdUseConstraints	Number(3)	N	N	Y	N	元数据使用限制
19	info_mdSecClassification	Number(3)	N	N	Y	N	元数据安全限制
20	info_srcURL	VarChar2(100)	N	N	Y	N	元数据描述的数据资源 URL

数据维护更新信息见表 6-8。

表 6-8　数据维护更新信息表

表名	Met_Maint_info
表说明	数据维护更新信息表
数据类型	关系型数据

序号	字 段 名 称	字 段 类 型	主键	外键	为空	索引	说　明
1	info_mdID	Number(8)	Y	N	N	Y	元数据 ID
2	info_maintFreq	Number(8)	N	N	N	N	在数据集初次完成后,对其进行修改和补充的频率。

序号	字 段 名 称	字 段 类 型	主键	外键	为空	索引	说　　明
3	info_upScpDesc	VarChar2(256)	N	N	Y	N	对更新范围以及更新内容的说明，当更新频率未知时，说明最后更新时间。
4	info_rpOrgName	VarChar2(256)	N	N	N	N	负责维护更新单位名称
5	info_role	VarChar2(256)	N	N	Y	N	负责维护更新单位职责
6	info_rpInName	VarChar2(100)	N	N	N	N	负责人姓名
7	info_rpIndPosName	VarChar2(256)	N	N	Y	N	负责人职务
8	info_voiceNumber	VarChar2(256)	N	N	N	N	负责单位或个人电话
9	info_faxNmuber	VarChar2(256)	N	N	N	N	元数据负责单位名称
10	info_cntDelPoint	VarChar2(256)	N	N	N	N	详细位置：路名、门牌号
11	info_city	VarChar2(256)	N	N	N	N	所在城市名
12	info_adminArea	VarChar2(256)	N	N	N	N	所在省（直辖市、自治区）
13	info_postCode	Number(8)	N	N	N	N	邮政编码

2）属性数据的元数据逻辑模型

属性数据库目录信息见表6-9。

表6-9　属性数据库目录信息表

表名	Met_catalog_info
表说明	属性数据库目录信息表
数据类型	关系型数据

序号	字 段 名 称	字 段 类 型	主键	外键	为空	索引	说　　明
1	Info_mdID	Number(8)	Y	N	N	Y	数据库元数据 ID
2	Info_tableCode	VarChar2(20)	Y	N	Y	N	数据库表编码
3	Info_idtableName	VarChar2(100)	N	N	N	N	数据库表名称
4	Info_idtableisNull	Char(1)	N	N	N	N	是否已存数据
5	Info_idTablespace	Number(10,2)	N	N	Y	N	已存数据量（兆）
6	Info_idTableDescribe	VarChar2(1000)	N	N	Y	N	表说明及用途

属性数据库表结构信息见表6-10。

表 6‑10　属性数据库表结构信息表

表名	Met_tables_info						
表说明	属性数据库表结构信息表						
数据类型	关系型数据						
序号	字 段 名 称	字 段 类 型	主键	外键	为空	索引	说　明
1	Info_mdID	Number(8)	Y	N	N	Y	数据库元数据 ID
2	Info_tableCode	VarChar2(20)	Y	N	Y	N	数据库表编码
3	Info_idtableName	VarChar2(100)	N	N	N	N	数据库表名称
4	Info_colCode	VarChar2(20)	Y	N	Y	N	列编码
5	Info_colDataType	VarChar2(20)	N	N	N	N	列数据类型
6	Info_colDataLimit	Number(10,2)	N	N	Y	N	列数据精度
7	Info_colisFK	Char(1)	N	N	Y	N	列是否为主键
8	Info_colDescribe	VarChar2(1000)	N	N	Y	N	列说明

6.5　基础数据库管理系统

基础数据库是相对产品数据库的。包括海洋基础空间地理数据库、海洋环境基础数据库、海洋综合管理数据库在内的数据中心建设中涉及的数据库内容。

数据中心建设中涉及的数据类型多样、内容涉及多个领域、数据量差别巨大，为便于基础数据库的使用及管理，需要基于成熟的商业数据库软件系统，建设能够对 26 类数据库进行管理的基础数据库管理系统。

6.5.1　基础数据库库管理系统功能

核心功能是实现基础数据的运行维护，以及基础数据库与其他系统之间的数据及功能交换。主要的功能块包括：

❖ 基础数据库管理，实现对 39 类数据库的管理，包括数据库可维护、层次结构的调整、数据库扩充与调整等。

❖ 基础数据库内容管理，实现对基础数据库内容的管理，包括信息的更新、变动、扩充等。

❖ 基础信息使用管理，实现对基础数据库使用的管理，包括数据库的使用权限管理、基础信息的使用权限管理等。

❖ 数据引擎功能，实现基础信息从数据库到管理系统之间的联系，确保管理系统对综合信息进行管理。

❖ 与中心交换系统、安全系统接口,基础数据库应具备与数据中心交换系统、安全系统、应用系统等之间数据和功能联系能力。

6.5.2 基础数据库管理系统设计

(1) 基础数据库管理系统整体结构。基础数据库管理系统的框架构成中,基础数据库的底层是存放在商业数据库中的各种类型的信息,这些信息的物理管理由商业数据库软件系统执行;通过数据引擎,基础数据库管理系统与数据库系统连接起来,并实现对基础数据库的内容管理;基础数据库管理系统通过元数据管理系统与元数据库相连接;基础数据库管理系统通过相应的接口与数据中心交换系统、安全系统、应用服务平台系统连接起来,如图 6-31 所示。

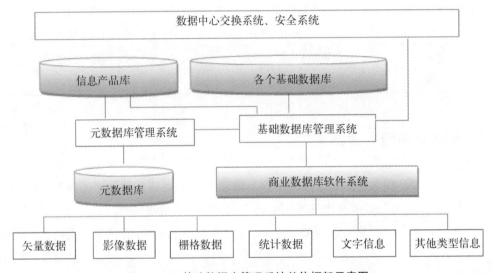

图 6-31 基础数据库管理系统总体框架示意图

(2) 数据备份与恢复设计。基础数据库的备份有三种方式可以选择,即导出、脱机物理备份、联机(热)备份,热备份既可以用手工执行命令备份,也可以使用备份脚本实现定时自动增量备份。

使用导出工具可以在运行状态下把指定的基础数据库内容转存为导出文件,再把该文件转存至其他介质,如磁带、光盘。脱机物理备份则要产生关闭数据库的运行状态,然后使用操作系统的文件备份命令,如 UNIX 环境下的 tar 把相应的数据库文件转存至其他介质,如磁带,以后可以使用恢复命令把数据库文件恢复至硬盘上,与数据库系统重新挂接。这些备份方式都相当于对空间数据库的一个静态快照,只能恢复至备份时的状态。

联机备份使用自动备份脚本文件,在指定的时间内使数据库进入备份状态,并把相应的表空间保存至指定的目标位置。如果在脚本中指定增量方式备份,则可以按指定的时间间隔保存数据库,在恢复时能够恢复至最近一次备份时的状态。

各种备份方式各有其优缺点,为了达到最好的备份方案,海洋数据中心数据库系统采用多种方式混合使用。在基础数据库发生故障或迁移时，使用恢复工具能够恢复至其最近备份时的状态。文件形式的基础数据库数据使用拷贝方式备份和恢复。

（3）权限管理。在基础数据管理系统中提供"访问控制"和"权限管理"功能。利用"访问控制"对需要进行控制的用户访问或数据信息调用进行控制；利用"权限管理"功能对"访问控制"的规则进行定义和管理。在用户访问或调用数据信息之前，这些控制规则必须由权限管理功能定义好，等待"访问控制"取用。

6.5.3　基础数据库管理系统功能定制建设方案

（1）数据库管理功能模块。模块的功能是实现对基础数据库的数据管理，主要功能包括：① 数据集入库及出库管理；② 数据删除、添加、修改等管理；③ 数据浏览、查询检索管理；④ 数据的版本管理。

（2）数据库使用管理功能模块。对基础数据库的用户使用情况进行管理，主要功能包括：① 用户权限管理；② 用户使用登记及记录管理。

（3）与其他系统的接口。基础数据库系统主要结构包括：① 与数据中心交换系统之间的接口，在交换系统中实现；② 与GIS、遥感软件系统之间的接口，定制；③ 与商业数据库软件之间的接口，定制。

6.6　数据共享系统

6.6.1　共享系统总体方案

数据中心数据共享系统的建设目标是：在国家海洋局东海分局与国家数据中心、国家海洋局东海分局与上海市涉海部门、国家海洋局东海分局与社会公众、数据中心与数据节点间建立信息共享与交换网络服务体系，为海洋地理信息系统、8个业务系统提供数据交换支持，形成信息资源共享的枢纽，为社会用户提供海洋数据和信息的共享服务。

用户可以通过数据共享系统，对中心和数据节点管理的数据资源进行"透明"访问，并获得多种共享交换功能服务；部门和机构可以利用交换系统对分散的数据资源进行有效整合，消除数据孤岛，有效加快数据和信息的流通，提高空间信息资源的开发和利用效率。

通过数据中心数据共享系统的建设实施，从应用实际出发，不断出台完善支持海洋基础空间地理信息资源和海洋环境基础数据共享的政策和标准规范，带动产业化和其他类型的海洋信息资源的广泛共享。增加全社会海洋信息资源的可用性和可获得性，同时减少其闲置性和重复建设。让更多的用户能在任何时间任何地点以最便捷的方式得到最有效的海洋信息服务。

数据共享系统采用数据中心统一认证，数据节点授权，实现数据和用户的分级分类访问控制。

数据共享与交换系统组成部分包括：① 数据访问接口设计；② 元数据共享服务系统。

6.6.2 功能设计

目前,我国海洋信息相对分散,一体化组织和管理水平较低,标准一致的数据及数据产品较为匮乏,无法满足快速发展的海洋信息化对海洋基础信息的需求,为形成统一的信息平台,需要对分散的信息进行整合及标准化改造;同时,目前的海洋信息状况与各部门业务应用的需求差别,分散的、不规范的信息难以满足业务需求。数据中心在 SOA 的框架体系理念的基础上,采用 Web Service 技术为各应用系统提供统一的访问接口,保障信息安全和信息共享的同时,实现海洋信息的综合集成调度和共享应用。具体功能模块设计如图 6-32 所示。

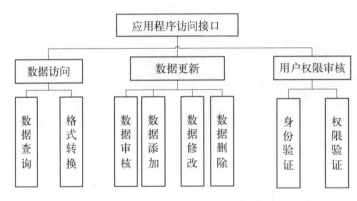

图 6-32　应用访问接口功能结构图

6.7　多级访问控制

多级访问控制模块的系统流程如图 6-33 所示。

多级访问控制模块,提供基于信息机密性的存取控制。将系统中的用户和信息进行分级别、分类别管理,强制限制信息的共享和流动,使不同级别和类别的用户只能访问到与其有关的、指定范围的信息,从根本上防止信息的失泄密和访问混乱现象。具体而言,在多级安全模型中,数据库用户和数据库对象都被赋予了相应的安全级别。系统保证信息的单向流动,高级别的用户可以看到级别低的数据,而低级别的用户不能看到级别高的数据。数据中心采用的多级访问控制策略,控制粒度可以达到属性级别。

当用户访问数据库的时候,首先区分管理用户和普通用户,针对各种用户实施不同的访问策略,初始化全局变量。接着针对用户每一次查询,系统都会去检查用户的权限和安全级别。通过强制访问控制和自主访问控制检查之后,再改写用户的查询语句,实施新的

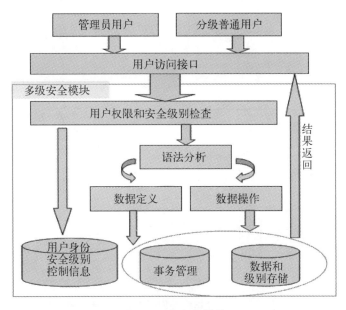

图 6‑33 多级模块

数据定义和数据操作,达到多级别访问控制粒度的目标。对应到 SQL 语言,数据定义指的是 CREATE TABLE 语句,而数据操作语句有 SELECT,INSERT,DELETE,UPDATE,UPLEVEL 等。

6.8 TCB 自身访问控制

数据库服务器启动后,服务器主进程监听来自用户的连接请求。每当一个连接请求到达时,根据记录在系统文件中的限制条件以及有关访问记录来决定是否允许本次连接请求。

用户身份验证的过程发生在用户发出连接请求之后,成功登陆系统之前。用户的信息保存在相应的系统文件中,考虑到身份验证的响应时间问题,对用户信息的读取过程进行了相应的优化,建立了索引来加快查找的速度。

当用户通过身份验证之后,服务器启动一个独立的进程与用户进行各种交互操作,该进程同时负责处理交互过程中出现的各种异常情况,并实时检测用户的空闲时间是否已经超过允许时间。

TCB 自身访问控制,在功能上划分为 TCB 访问控制、TSF 自身保护以及资源利用三个子功能模块。在一个通用数据库管理系统中,TCB 是所有安全保护装置的组合体。一个 TCB 可以包含多个安全功能模块(TSF),每一个 TSF 实现一个安全功能策略(TSP),这些 TSP 共同构成一个安全域,以防止不可信主题的干扰和篡改。TCB 访问控制子模块的系统流程如图 6‑34 所示。

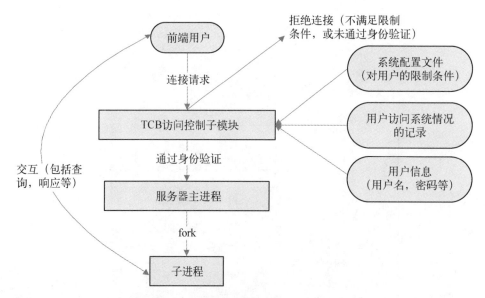

图 6‑34　TCB 访问控制子模块的体系结构

6.9　审计安全子系统

审计子系统的系统结构如图 6‑35 所示。

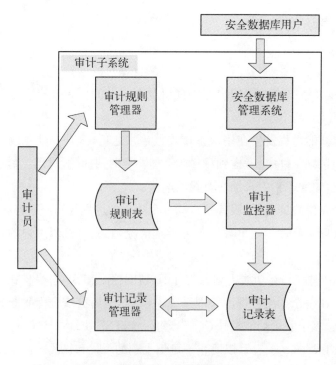

图 6‑35　审计模块

审计安全子系统,是数据库管理系统安全管理的重要组成部分之一。审计子系统根据系统审计员预先设定的审计规则,监视和记录安全数据库系统中的相关活动,具体包括系统级事件、个别用户的行为以及对特定数据库对象的访问等。通过考察、跟踪审计信息,系统审计员可以查看特定用户在过去一段时间内的数据访问行为,特定数据对象曾被访问的情况,以及曾试图对该数据库系统进行的非法操作等。这样,系统审计员可以监督包括管理员在内的所有用户的操作。通过对审计记录的分析,可以对系统的运行情况进行监控,检查和排除可能存在的安全漏洞。

通过审计规则管理器,系统审计员可以有选择地设置哪些用户、哪些数据操作,以及对哪些敏感数据对象的访问等需要审计。审计规则管理器提供图形化的用户界面,审计员可以方便地新增审计规则,查看已有审计规则,以及对相关审计规则进行修改。审计员设定的所有规则存储在审计规则表中。

审计监控器读取审计规则表中存储的规则,对所发生的事件进行过滤,将满足审计规则的事件(包括事件的类型、用户的身份、操作的时间、参数和状态等构成一个审计记录记入审计记录表。审计记录管理器为审计员提供图形化的用户访问界面。审计员通过审计记录管理器,可以设定审计记录查看选择条件,实现对相关事件进行浏览,检查系统中有无危害安全性的活动。同时,可以定期清楚审计记录表中不再需要的过时审计记录。

6.10　加密模块

加密模块的系统结构如图 6-36 所示。

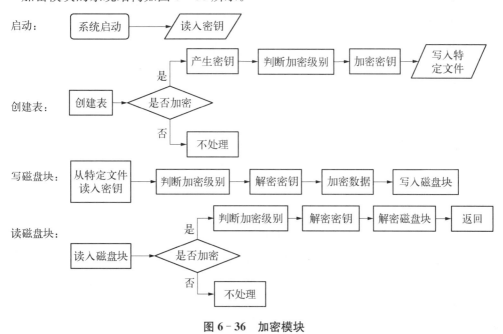

图 6-36　加密模块

加密模块,多数据库系统中包含大量机密信息的元数据库容易成为各种恶意攻击的目标,本项目本期重点研究为系统元数据等高敏感度数据提供安全存储的技术。传统的物理安全、操作系统安全机制和数据库访问控制机制为数据库提供了一定的安全措施和技术,但这些方法并不能全部满足数据库安全的需求,特别是无法保证一些重要部门数据和敏感数据的安全。造成不安全的原因主要是因为原始数据以可读形式存放在数据库中。如果对数据库中的数据进行加密处理,那么就上述问题可以得到解决,即使某一用户非法入侵到系统中或者盗得数据存储介质,没有相应的解密密钥,他仍然不能得到所需数据。

加密模块采用增强后的 AES 加密数据库中的表。在数据物理存取之前进行加/解密操作,换句话说就是在写入磁盘前,对数据进行加密;从磁盘读出后,对数据解密。特点是:一表一密,对表的索引没影响,对存储结构没有影响,与加密粒度无关。

6.10.1 加密算法

本数据中心使用的是增强后的分组加密算法 AES。在项目中,主要通过下面两种方法来增强它的安全性。增加迭代轮数;在标准轮中增加一次 S 盒变换,S 盒是 AES 设计最巧妙的地方,也是 AES 加密算法安全性所系。

如果待加密数据段长度不是分组长度的整数倍,那么数据段尾部不足一个分组长度的数据在加密后变为一个分组长度,数据长度变化后可能会对 DBMS 原来的存储结构及方式产生影响,但是对于本项目没有影响的。原因如下:一个分组加密的长度是 128 位,而一次读写磁盘块至少 2 个分组(磁盘头数据结构 2 个分组,一条元组是 2 个分组),这两个分组里面可能有空数据,但是它们是一个整体不能分割,因此加解密对磁盘块的大小是没有影响的。

6.10.2 表密钥随机算法

种子是当前系统时间的标准 c 语言的 rand 函数生产的整数,取模 256 作为一个字节。

对于需要加密的表,创建 SQL 表的语句需要在定义完成属性列后加上关键字 withencry。

例如:create table en_table (a int primary key, b char withencry),对于这样的 SQL,解析出来后得到信息是表 en_table 有二个属性 a,b 其中 a 是主键,要对表中数据做加密。

HASH 采用当前最强的 HASH 函数:SHA512。关于它的安全性,到目前为止是安全的。

结论

　　本章介绍了海洋数据中心搭建的具体过程和技术方法,按照统一的"数字海洋"空间数据框架和层次布局规划,通过对已有海洋调查和评价资料成果以及历史海洋资料的整合处理,统一处理海量的、多源的、异构的海洋信息,应用数据库构建方法搭建了分布式海洋基础空间数据库和海洋环境基础数据库系统,并围绕应用需求,提炼面向各个应用主题的海洋信息产品库。建成具备海量数据处理和存储能力、容错和灾难恢复能力、高速数据交换能力的海洋数据中心,从而全面提升了海洋现代化管理水平。

第7章 海洋信息技术在海洋现象再现中的应用

在计算机图形学和虚拟现实领域，自然景物与现象的仿真模拟一直是最有挑战性的研究热点和难点。地形地物及河流的水体运动作为一种自然现象，在水利水电行业、虚拟战场环境、网络游戏、三维动画等领域有着广泛的应用需求。当前，以三维地形模型为主要内容的数字虚拟系统业已引起了人们的极大关注，并日益成为虚拟现实发展的主流之一。

"怪潮"是一种沿海区域特殊的海洋灾害现象。如果能够根据水的淹没范围和水深的分布的情况，在三维虚拟世界中对洪水演进的现象和规律进行观察、操作和分析，对以往发生过的怪潮进行准确演进模拟，将为灾害预防和减灾提供更佳的辅助决策服务。本章以"怪潮"现象为例，着重介绍在再现这一海洋现象的过程中涉及关键技术。

7.1 "怪潮"三维展示系统的主要功能与实现

7.1.1 三维数据资源建设

数据准备是最为耗时、耗力，也最为关键的一步，数据质量的高低直接关系到系统的稳定性和实用性。然而，在考虑数据精度的同时，也要顾及浏览速度和可视化效果。因此，数据资源建设是三维数据展示中最基础、最核心的部分。

在构建"怪潮"三维展示系统中，数据资源建设主要包含以下三个部分的工作：

1. 怪潮发生海域基础地理信息获取

充分利用现代测绘高新技术和先进装备，实施大比例尺地形图和海图的测绘与更新，建设相应的基础地理信息数据库。同时需要加快更新速度，全面实现研究海域基础地理信息的必要覆盖和及时更新，不断提高地理数据的现势性，为三维建模等提供完备数据。

研究海域基础地理信息获取的手段包括：

(1) 现有地图及图像扫描数字化。地图数字化是利用数字化仪，将地图上的模拟空间信息转换为数字信息，进入计算机。该方法是建立 GIS 空间数据库的通用地图输入方法，操作简单、投入比较经济。地图及图像扫描是通过扫描仪将纸质地图或影像图片扫描为点阵数字信息，并进入计算机，然后用矢量化软件对扫描图上的点阵信息进行自动跟踪，并转换为矢量线划信息，或将扫描图调入计算机屏幕，进行跟踪数字化。

（2）高分辨率遥感卫星。高分辨率立体测绘卫星或者具有立体测图能力的卫星已经具备了同轨立体成像的能力，形成无明显时间差的立体覆盖。从数据源的获取以及航天摄影测量理论的发展分析，"卫星测图"已经成为一个显著的发展趋势。构建"怪潮"三维展示系统所需的卫星影像数据为分辨率 0.6～3 米的彩色、全色、多波段影像图，覆盖范围为研究地域的陆地和海洋。

（3）现有数据的转换输入。对于已输入计算机的其他格式的空间数据，可通过相应的软件将格式转换为现有数据库支持的格式，以减少重新输入的工作量。在转换过程中，由于不同数据格式对数据的定义不同，往往会丢失部分信息，如图形拓扑关系、数据类型、属性数据、颜色、符号及文字注记等，这样就需要对转换后的数据作一定的编辑处理。

2. 怪潮发生海域三维信息获取

随着城市规划、建筑景观设计、三维导航以及城市旅游等应用对城市真三维景观的需要，建立镶嵌有影像纹理的真实感城市三维模型正受到广泛的重视。长期以来由于理论和技术水平的限制，三维空间数据的获取能力相对较弱一直是阻碍三维 GIS 发展的重要原因。近年来由于微电子技术、光电技术、航天技术、遥感技术和计算机技术等科技的迅速发展，大大地促进了空间信息获取技术的发展，并使之与其他学科交叉融合，形成许多全新的数据获取技术。

目前的三维信息的获取手段主要有：

（1）二维平面图加高程信息。人文景观以人工地物为主，而大部分人工地物的平面坐标可以由现有纸质或数字化的二维平面地形图得到，人工地物的高度信息可从设计图纸中获取，二者结合即可获得人工地物的三维数据。该方法实现技术简单，且获取的人工地物高度信息具有较高的精度，但由于需要进行专业建筑图纸人工判读，对操作人员素质要求较高，同时还要手工输入大量数据并进行实地纹理采集，工作量非常大。

（2）航空与航天数字摄影测量。数字摄影测量是基于数字影像与摄影测量的基本原理，应用计算机技术、数字影像技术、影像匹配、模式识别等多学科的理论和方法，提取所摄对象用数字方式表达的几何与纹理信息。利用航空摄影测量影像能够得到地面高程信息、纹理数据以及拓扑信息，对有明显轮廓的人工地物能提供很高的三维重建精度，它是目前三维信息获取最主要的手段之一。

航空遥感和航天遥感是构成空间对地观测系统的两大组成部分，两大系统各具优势，相互独立又相互支持，互为补充、不可替代。航空摄影可根据成图需要制订航摄比例尺，并能实现立体覆盖，一般用于测制（重测）和更新基本比例尺特别是 1∶10 000 以及更大比例尺的地形图。航天遥感虽然受分辨率固定的限制，但具有机动性好、可任意区域覆盖的优势。随着航天技术的不断进步，航天遥感器的分辨率和几何精度日益提高，中小比例尺基础地理信息的生产、地形图要素的测绘和更新、数字高程模型、三维可视化制图等越来越多地依赖于高分辨率遥感卫星影像。今后航空与航天遥感将会进一步优势互补，长期并存，共同发展。

卫星影像不仅可用于地表信息的快速采集和更新,而且可实现无地面控制的三维信息提取和地形测图,并将形成技术体系。面向应用的遥感影像融合与处理以及自动化遥感数据信息解译与信息提取技术将取得长足进步。利用虚拟现实技术将实现卫星影像的动态三维景观的虚拟再现,提高空间数据的可视化程度。动态、多维、网络地理信息系统以及空间数据的综合分析应用和基于影像的数据挖掘技术将得到发展迅速。

(3) 激光扫描系统(LIDAR)。激光扫描技术分为机/空载激光扫描系统和地面扫描系统两个方向。机载 LIDAR 集激光测距仪、GPS 全球定位系统、惯性导航系统(INS)一体,广泛地应用于地球科学领域。机载 LIDAR 系统进行航拍时,由全球定位系统确定传感器的空间位置(经纬度),由惯性导航系统(INS)测量飞机的仰俯角、侧滚角和航向角,由激光测距仪直接测量地形。由于 LIDAR 集合了惯性导航系统和 GPS 全球定位系统,可同时确定传感器的位置和方向,获得地表的数据,从而自动、快速获取地学编码影像和大比例尺的三维高程图。地面激光扫描仪可用于工程测量、地形测量、虚拟现实和模拟可视化、施工监测等诸多领域。由于能够直接获取被测目标的三维空间数据并同时获取影像信息,激光扫描仪在作业速度、灵活性以及精度方面,相对于其他三维重建方法有着无可比拟的优势。

激光扫描为我们直接重建物体精确的几何模型,提供了自动、快速可靠的工具。目前航空激光扫描系统——LIDAR(LIght Detection And Ranging)发展很快,利用 LIDAR 直接获取"点云"——DSM 数据,显示出它巨大的优越性,例如图 7-1 是由 LIDAR 获得原始数据"点云"所表达的建筑物模型。用它与+IKONOS 影像进行三维建模受到广泛的重视,图 7-2(可参见附录彩页)就是由 LIDAR 数据+IKONOS 影像+地面摄取的纹理构成的城市建模。目前地面激光扫描系统同样也发展很快。

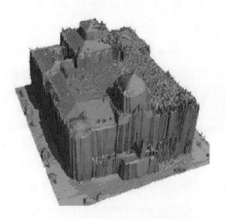

图 7-1 LIDAR 数据的建筑物模型　　　图 7-2　激光扫描数据+IKONOS 影像+
　　　　　　　　　　　　　　　　　　　　　地面影像城市建模

(4) 低空无人机遥感技术。20 世纪 90 年代后期,无人航空飞行器作为一种新型的飞机平台,性能不断提高。该系统是一种新型的低空高分辨率遥感影像数据快速获取系统。

获取精细三维数据需要遥感传感器具有倾斜摄影能力,才能用于提取人工地物的纹理和高度信息。这种技术目前还有很多限制,主要是:超低空飞行虽然可以获得极高分辨率的影像,但覆盖范围小;同时可能会因为人工地物遮挡发生危险。

(5) 近景摄影测量。近景摄影测量具有较高的精度,一般采用交向摄影,由不同的角度和方向摄取地物的多幅影像实现整个物体表面的立体覆盖。因此近景摄影测量一般应用于单个地物的三维数据获取,尤其是复杂地物特征。古迹维护、数字遗产构建是其应用的重要领域。

(6) 雷达干涉测量技术(INSAR)。干涉合成孔径雷达(INSAR)就是利用 SAR 在平行轨道上对同一地区获取两幅或两幅以上的单视复数影像来形成干涉,利用从雷达复影像数据衍生出来的相位信息提取地表高程、地表变化及土地利用等信息,从而服务于高精度的地形测绘和形变监测等。

3. 三维空间信息数据库建设

三维空间信息数据库是“怪潮”三维展示系统实现的基础。建立的三维空间信息数据库框架应该包括以下内容:

(1) 基础地理空间数据库建设。主要包括大比例尺(1∶2 000～1∶10 000)地形图的地形要素,为所有专题子系统提供统一的空间定位基础。基础地理信息数据库建设与更新,要充分利用现代测绘高新技术成果,建立和完善海洋基础数据库,建成 1∶2 000、1∶5 000、1∶10 000 比例尺基础地理信息数据库,建设覆盖研究海洋区域的航空正射影像数据库。

由于采用文件分幅方式建立大型空间数据库存在很多缺点,而数据库技术在管理数据库方面具有成熟的经验,如海量数据管理、客户机/服务器体系结构、多用户的并发访问控制、严格的数据访问权限管理、完善的数据备份机制等。将空间数据与属性数据集成在商用大型数据库中管理是目前 GIS 发展的主流。在数据库中进行组织和集成空间数据与文件方式有较大的不同,由于数据库系统具有两级映射三级变换功能,能够存储和管理大量的数据,从而使得建立真正意义上的无缝的空间数据库成为可能。

(2) 矢量数据建库。在数据库中,数据一般是按照分层的方法进行组织的,即将空间数据在垂直方向上按照类别划分成若干层,每一层存储为数据库中的一个数据表,层中的每一个要素存储为数据库中的一条或多条记录。由于数据库可以管理很大数据量的数据表,因此可以将整个研究区域的空间数据划分为若干层,实现无缝的空间数据库。由于传统 GIS 中,在数据结构中显式地保存空间数据的拓扑结构,使得空间数据之间的关联性非常强,而数据库中的数据存储是结构化的数据,因此在数据库中,采用不显式地表示拓扑关系数据结构进行存储空间数据。

(3) 影像数据建库。利用关系数据库管理遥感影像数据的基本原理是将影像数据存储在二进制变长字段中,建立适当的索引,然后通过数据库提供的接口进行访问。主要有两种模式,一是基于面向对象技术扩展关系数据库的功能,即基于扩展的面向对象关系数据库管理遥感影像数据；二是基于中间件技术，将遥感影像分解成关系数据表，从而实现对遥感影像的管理。

基于扩展的面向对象关系数据库的遥感影像建库的基本方法是：在关系数据库的基础上，引入对象的概念，对关系数据库的数据类型进行扩展，使之能存储影像数据。一个扩展的对象有特定的元数据，每个层也可以有自己的元数据和属性，主要包括：对象信息、栅格信息、空间参考、时态参考信息、光谱信息等。使用逻辑分层的多维的栅格数据模型，栅格数据的核心是一个包括栅格像元的多维矩阵，每一个像元是矩阵的一个成员，一个矩阵有维数、像元类型、大小等，数据模型是逻辑分层的，核心数据称为对象层或 0 层，包含一个或多个逻辑层。

Oracle GeoRaster 就是在 Oracle Spatial 的基础上，采用面向对象关系技术，实现遥感影像数据的存储和管理的典型工具。它由影像数据本身和元数据组成，元数据采用 XML 格式来表达，内容包括对象元数据（表述和版本信息）、像元类型（如 1 bit，8 bit integer，8 bit float，16 bit，32 bit，64 bit real）、维数、分块数、空间参考系统以及影像变换模型等，还可以扩展到栅格的属性表、缩放比例、色彩表、直方图等。

基于中间件技术的遥感影像建库是：在关系数据库的基础上，利用关系数据库提供的各种接口而开发的专用程序，将影像数据分解成关系数据库的一个或多个数据表，实现对遥感影像的存储和管理。ArcSDE 是一个典型的采用中间件技术实现利用关系数据库管理遥感影像数据的工具，应用程序通过 ArcSDE，把空间数据（包括栅格数据和矢量数据）存储到关系数据库中，ArcSDE 采用 Geodatabase 的概念来组织空间数据。

（4）三维模型库建设。三维建模包括几何建模、运动建模、物理建模、对象行为建模以及模型分割等。通常采用的是对象的几何建模方式。对象的几何建模是生成高质量视景图像的先决条件，它是用来描述对象内部固有的几何性质的抽象模型。一个对象由一个或多个基元构成，对象的几何模型所表示的内容包括：

一是对象中基元的轮廓和形状，以及反映基本表面特点的属性，如颜色。

二是基元间的连接性即基元结构或对象的拓扑特性。连接性的描述可以使用矩阵、树、网络等。

三是应用中要求的数值和说明信息，这些信息不一定是与几何形状有关的，例如基元的名称、基元的物理特性等。

三维 GIS 数据模型必须涵盖矢量模型（二维和某些三维模型）、栅格模型（包括 DEM、DOM 等）和多媒体数据。其中，矢量模型和栅格模型是按照垂直金字塔和水平分块的方式组织的。在三维显示过程中，采用基于数据分页的动态调度技术、与视点相关的地形简化技术和基于多线程的渐进描绘技术，对于 DEM 和 DOM，可以根据当前视点、视角和方向计算出视线范围金字塔（或圆锥），用以确定该视线范围对应在二维栅格数据（DEM 和 DOM）的范围和不同区域数据的分辨率。然后，根据得出的范围和相应的分辨率通过栅格引擎动态调入内存，然后再进行视点相关的地形化简，最后叠加纹理。

对于矢量数据,如果只是地表数据,则可以采用二维的空间索引(即 2.5 维的方式)。如果考虑真三维(空中或地下目标),则可以将目前的二维空间索引扩展到三维。

传统基于文件与关系数据库混合的 GIS 数据库管理方式在数据安全性、多用户操作、网络共享及数据动态更新等方面已不能满足日益增长的需要。现有的对象关系型数据库管理系统(ORDBMS)虽然还不直接支持三维空间对象,但其在保留关系数据库优点的同时,也采纳了面向对象数据库设计的某些原理,具有将结构性的数据组织成某种特定数据类型的机制,这使得它不仅能够处理三维数据的复杂关系,也能将逻辑上需要以整体对待的数据组织成一个对象,这为三维 GIS 的海量数据管理提供了一条切实可行的途径。

7.1.2　三维景观构建

地形对象的三维几何空间数据是三维地理世界建模的基础数据,它可以补充三维表面分析的功能,同时还在于加强对 GIS 各种空间查询与分析的三维表示,以便不同用户更好地理解各种空间分布关系。但是,其大数据量(如大量的三角形数或栅格单元数)是三维地形对象实时图形处理的瓶颈。所以,地形对象的构模是三维数字管理信息系统构建的一个关键部分。在本系统中,将采用不同层次(不同分辨率)的数据表达地形对象,既保证了地形的逼真性,又可以减少制作成本,增加浏览速度。

由于人的信息感知约 80% 是通过眼睛获取的,所以视觉感知的质量在用户对环境的主观感知中占有最重要的地位。也就是说,一个虚拟环境的好坏主要取决于其视景生成系统的好坏,虚拟环境的视景效果是影响虚拟现实系统沉浸感的最重要的因素。

UNITY 3D 能够使客户创建一个形象逼真、地理精确的三维场景模型。通过整合任意数量的航片、卫星影像、地理地表信息、数字高程模型以及矢量数据。通过叠加航片、卫星影像、地形数据、数字高程模型以及各种矢量地理数据,利用金字塔式的管理数据方式,创建海量三维地形数据库,实现对大范围三维地形景观的多角度、流畅的放大缩小、任意角度飞行以及快速浏览。一旦三维景观制作完成,系统可以输出为支持因特网访问的三维地形数据库,在此基础之上加载二维或三维动态或静态对象,并以网络数据流的形式传递给终端用户。

在 UNITY 3D 中,将影像数据和高程数据制作成初始的地形文件,三维景观的主体为正射影像与 DEM 叠加生成。从图中可以清楚地看出实验区的地理环境以及地貌特征。由于影像是对地表真实状况的逼真再现,通过此项操作,可以真实再现地表状况,给用户身临其境的视觉感受。同时,数据量大大降低。

1. 三维景观建立流程

三维景观建立的流程为:

(1)获取三维景观构建所需要的数据,采集景观所需各类航片、卫星影像、DEM、建筑物结构、建筑物纹理数据。

(2)将获取的三维景观数据进行处理,包括 DEM 纠错,影像的拼接、融合。

（3）将处理过的各类航片或卫星影像以及高程数据以文件方式加载到 UNITY 3D 中，并按照要求进行边缘处理、羽化等操作。

（4）生成 3D 景观文件。

（5）通过连接空间数据库，根据需要在 3D 景观中叠加二维矢量数据，并进行标注、配色等。

（6）设置光影效果。

2. 三维海底地形景观构建方案

三维海底地形实时绘制系统基本框架的设计主要包含以下三个子模块：即原始数据预处理模块、数据引擎与地形渲染引擎，其体系结构图以及各子模块之间的关系如图 7-3 所示。

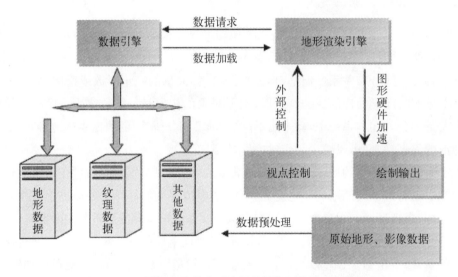

图 7-3　三维海底地形实时绘制系统体系结构及模块关系

（1）原始数据预处理。该模块包括对原始数据的分层、分块、索引文件的建立、瓦片数据的存储。该模块可将单个大数据文件分解为多个小文件进行重采样、数据分块操作。该模块拟使用开源项目 GDAL（地理数据抽象层）来实现对多种图像格式的支持。

（2）数据引擎设计。数据引擎模块可以对每一层的分块数据进行快速的索引和读取，并对缓冲区域的瓦片数组进行装配，向地形渲染引擎提供符合算法要求的"可视"区域数据。

数据引擎模块以摄像机类的对象作为参数，完成在视点移动时数据的更新和调度，在模块内部使用基于模运算的环状数组从而消除内存中数据块开辟的移动，避免了内存碎片的产生。

（3）地形渲染引擎设计。在地形渲染引擎中封装改进的 Geometry Clipmap 地形可视化算法和全球框架中着色器的实现。使用者只需要传入视点参数就可以完成对地形场景的更新和绘制。由于其封装了着色器的实现，当着色器在 GPU 上运行的时候会替代传统固定管线的操作，为了不影响其他可视化系统的绘制效果，在地形渲染引擎中设置了着色器的开关控制，这样使得地形场景和其他的可视化物体进行统一的处理。

7.1.3　海洋相关要素的 3D 展示处理

为了实现海洋相关要素的 3D 展示,主要针对以下海洋要素部分进行了特殊处理。

1. 海浪网格的划分

海浪仿真的基本思想是距离视点近的区域采用分辨率较高的海浪网格,距离视点远的地方则网格分辨率较低。整个海面被划分成了大量平铺的正方形,网格随着视点移动而移动,选择适当的网格大小和层数,这样可避免对无穷海域的剪裁,减少计算量的同时得到符合要求的绘制结果。

2. 水面建模

建立海浪模型是海浪模拟的基础,常用的建模方法有基于流体力学、基于海浪谱、基于动力模型和基于几何造型等四种。基于流体力学的方法要解大量的非线性方程,难以实时运用。基于几何的方法需要人为地设置波的属性参数,真实感不强。在系统中综合考虑效率和效果两个指标,选择基于海浪谱水波建模方法。

海浪谱可表示海浪的能量与各组成波的分布关系,通常根据对定点波剖面记录的特殊谱分析方法得到,也可根据长期观测得到的海浪波要素。

基于海浪谱的海浪建模方法的核心思想是生成一个与真实海面有相同谱性的高度场,采用适当的海浪谱反演方法模拟海浪,常用的反演方法有线性过滤法和线性迭加法。线性过滤法根据待模拟的海浪谱,设计出一个过滤器,在这个过滤器的一端输入某一已知的随机过程(通常采用白噪声),在过滤器的输出端,即可得到所需模拟的波面过程;线性迭加法则是将海浪视为由多个不同振幅、不同角频率和不同随机相位的波叠加而成的,只要找到各个组成波的波幅、角频率、随机相位,就可得到这个随机过程的一次实现。由于线性迭加法物理概念清晰,计算方便迅速,且模拟结果和实际海浪谱非常吻合,所以利用率较高。目前,线性迭加法中应用较多的是 Longuest-Higgins 模型和 FFT 方法。

3. 水面光照处理

在通过波高表现海浪的起伏所形成的粗糙动态水面的基础上,再给海浪添加明暗凹凸效果,可增加真实感,这就需要用到光照模型。系统对光照模型进行了简化,只考虑发生第一次反射和折射的光线。

4. 浪花的模拟

当波面不断发生变形时,波长变短,波高增大至波浪破碎,生成浪花。系统中浪花的模拟采用粒子系统。粒子系统是一种特效发生器,它可以制造大量的小粒子来达到如烟雾、火焰或者爆炸等的效果。

5. 海浪推进的模拟

海浪推进中海浪起伏明显,有水平方向上的移动和垂直方向上的起伏,展示系统中需要采用相应的海浪模型对其进行模拟以增强真实感。对于远离视点的海浪,视觉中一般仅可见其水平方向平移,垂直方向上的移动因距离远而几乎为零,因此可采用一种纹理坐标平移技术对开阔海域海浪的推进过程进行模拟。纹理坐标平移技术是在进行纹理映射时,对于选用的某个纹理,依据其各个部分的纹理细节不尽相同,当将纹理映射到某个三角网格时,可以按纹理坐标将纹理在网格上平移,通过适当选用纹理,在整个网格区域内产生一种整体移动的效果,这样可避免复杂的模型计算,在增强海浪仿真的实时性同时明显提高计算速度。

6. 流场模型与可视化映射流程

海域海洋动力数值预报结果三维可视化的基本过程是:首先对预测模型生成的数据进行预处理,针对每种数据的特点进行数据集的自适应归一化处理;根据可视化方法的不同构建流程的"数据映射"模块,形成几何数据和图像数据;利用绘制的三维场景,将时间维加入,在仿真中表现出灾情数据的动态显示和更新。主要步骤如下:

(1)数据集构建。对预测模型生成的原始数据进行处理,处理的内容主要是数据内部格式转换和数据差值重采样,经过处理后生成规则的数据集,以便于后续可视化的处理。

(2)对数据集进行自适应的归一化处理。由水动力模型计算出的原始数据在数值大小上常相差较大,并且不均匀分布,不能直接用于显示。在考虑数据处理速度和计算机可视化技术等方面的基础上,设计了一种自适应归一化的数据预处理方法:对数量级相差较大的数据集可通过整体取对数的方式进行归一化,对量级变化较小的数据集则采用求比值的方法进行归一化,归一化数据结果范围在0~1之间,以便于用像素颜色分量来表示数据集。

(3)可视化映射。对数据进行可视化映射,实现对数据进行可视化表达和描述。空间点的属性值映射是可视化映射中的常用方法,是将属性特征值映射为颜色和透明度特征值,通过调整颜色和透明度可以使不同的属性特征得到突出的表现。

(4)渲染与绘制。绘制和显示过程的任务是将映射后的几何数据和属性转换成图像数据并输出到显示设备。包括扫描转换、隐藏面消除、光照计算、透明、阴影、纹理映射等,处理流程为:投影变换→视口裁减→光照模型处理→颜色调整等,最后生成真实感的三维图形。

图7-4(可参见附录彩页)给出已实现的3D流场效果图。

工具栏

视图窗口

图7-4 流场3D效果图

7.2 "怪潮"三维展示系统中的关键技术

7.2.1 海量地形数据的处理策略

"怪潮"三维展示系统面对的是海量的地形数据,在处理这些数据时涉及以下关键技术:

1. 构建多分辨率金字塔模型

金字塔是一种多分辨率层次(multi-resolution hierarchy)模型,如图7-5所示。金字塔模型在图像处理、图像压缩、图像检索,以及地形可视化等方面都有着非常广泛的运用。严格意义上讲,金字塔应该是一种分辨率连续的模型,但是在构建金字塔时很难做到分辨率连续变化,并且这样做也没有实际意义。因此在构建金字塔时总是采用倍率方法构建。

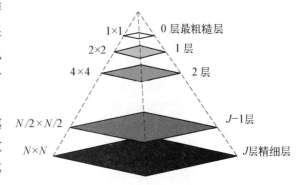

从金字塔的底层到顶层,分辨率越来越低,但表示的范围不变。设地形数据的原始分辨率为R_1,倍率为m,则第k层地形数据的分辨率R_k为:

图7-5　多分辨率金字塔模型

$$R_k = R_l \times m^{-k}$$

构建多分辨率金字塔模型就是根据原始数据进行相应的分层处理,在此基础之再上对每一层数据进行分块处理。

在分层处理的过程中考虑到地形可视化算法的要求,对符号的约定如下:

l表示金字塔的层号、s表示l层的采样点数(s_w,s_h分别表示宽方向和高方向的点数),对于DEM而言,l层的格网数为g($g = s-1$)。纹理数据的分辨率指一个像素点所对应的地面实际距离,DEM数据的分辨率指一个格网所对应的地面实际距离。对块的符号约定如下:将分块的所得到的数据称为瓦片块,用符号T表示。瓦片块的大小为T_s,金字塔层的宽或者高方向瓦片块的数量为T_n(T_{nw}、T_{nh}分别表示宽方向和高方向瓦片块的数量)。因此对于DEM数据和纹理数据的分层分块有如下几点要求:

(1)相邻层纹理数据的采样点分辨率的倍率为2。

(2)相邻层DEM的格网分辨率的倍率为2,即$s_l-1 = 2\times(s_{l-1}-1)$,即$g_l = 2\times g_{l-1}$。

(3)DEM瓦片块的大小:$DEM\_T_s = 2^n + 1$(则该DEM瓦片块的格网数为:$DEM\_T_g = 2^n$)。

(4)纹理瓦片块的大小:$TexTure\_T_s = 2^m$。

111

（5）相邻瓦片块之间有一个单位的重叠。

（6）DEM 瓦片和纹理瓦片一一对应。

由于算法中对 DEM 数据有着严格的要求，相邻层的分辨率倍率为 2，即 l 层的两个格网对应 $l-1$ 层的一个格网，对于 DEM 数据而言，第 m 层和第 n 层采样点 s 的关系为：

$$\frac{s_m - 1}{2^{m-n}} = s_n - 1$$

相邻层之间的关系为：

$$s_{i+1} = 2s_i - 1$$

在构建金字塔时必须构建从最精细层到满足瓦片块的最粗糙层，把这样的金字塔称为：饱和金字塔。按照规则，如果给定数据不满足构建饱和金字塔的要求，就必须对原始数据进行重采样，在构建金字塔时，低分辨率的数据层是高分辨率层通过重采样得到。

由于双线性内差算法简单，在一定程度上能保存地面的细节，因此可选用双线性内差来进行数据重采样。所谓双线性内差，就是在两个方向做插值，即沿行方向和列方向做插值。如图 7-6 所示，已知距离插值点 P 最近的四个点 $P_1(x_1, y_1, H_1)$，$P_2(x_2, y_2, H_2)$，$P_3(x_3, y_3, H_3)$，$P_4(x_4, y_4, H_4)$，则点 $P(x_p, y_p, H_p)$ 的高程 H_p 计算方法为：先用点 P_1 和 P_4 沿列方向线性插值出点 P_{14}，再用点 P_2 和 P_3 沿列方向线性插值出点 P_{23}，最后用点 P_{14} 和 P_{23} 沿行方向插值得到点 P 的高程 H_p。或者，先用点 P_1 和 P_2 沿行方向线性插值出点 P_{12}，再用点 P_4 和 P_3 沿行方向线性插值出点 P_{43}，最后用点 P_{12} 和 P_{43} 沿列方向插值得到点 P 的高程 H_p。计算公式为：

$$H_p = (1.0 - u) \cdot (v \cdot H_3 + (1.0 - v) \cdot H_0) + u \cdot (v \cdot H_2 + (1.0 - v) \cdot H_1)$$

其中，$u = (x_p - x_0)/(x_1 - x_0)$，$x_p \in [x_0, x_1]$，且 $x_0 < x_1$

$v = (y_p - y_0)/(y_3 - y_0)$，$y_p \in [y_0, y_3]$，且 $y_0 < y_3$

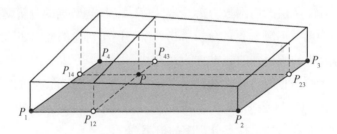

图 7-6 双线性插值算法示意图

2. 数据的索引和存储

数据分层分块之后，必须对每一层的瓦片数据块进行索引并存储，由于所用地形可视化算法的特点、不需要对数据瓦片块进行四叉树编号，每一层数据都是一个独立的绘制单元,所以只需要使用简单的行列号来标识瓦片块,即瓦片块使用层号、行列号就可以全局唯一标识。

虽然利用文件系统来存储瓦片数据在数据组织和空间索引、数据动态更新、网络环境下的多用户操作等诸多方面有许多局限性。但是从地形可视化算法本身而言,数据的存储环境在文件管理系统和数据库系统之下都可以使用。只需要修改相应的数据索引引擎,由于论文完成的时间有限,将重点放在地形可视化算法上,这里使用文件系统来作为数据的存储方式。

在使用文件系统来存储数据时,涉及单文件所存储的瓦片块的数据,存储的块数过小,虽然索引和读取的速度快,但是生成的文件数量过多,增加了系统文件操作的负荷。如果单文件存放的瓦片块过多,虽然文件数量变少了,但是瓦片块的索引和读取时,增加了单文件操作以及文件指针操作的负担。根据实验所采用的分块大小,每个文件所存储的推荐瓦片值为 1 000。在文件存储的过程中,对相应的文件名采取字符串标识的方法来命名:层号_该层文件的数量_文件的编号。

3. 纹理压缩技术

在地形可视化中纹理数据相比起 DEM 数据而言,数据量相对较大,尽管图形硬件已经有了长足的发展并且提供给我们更多的存储空间,但事实上,依然没有足够的空间来满足不断增加的、更高的分辨率的纹理的需求。在渲染的过程中,一些提高绘制真实感的技术:如凹凸贴图、法向量贴图,以及更加复杂的技术都需要一定的图形存储开销。为了充分利用现有的存储空间,必须应用纹理压缩技术。可用于纹理压缩的算法有很多,但大多数都比较复杂,虽说压缩工作可以离线执行,但解压缩工作必须实时完成,这就意味着那些速度慢、算法复杂的纹理压缩方法不能用于全球虚拟地形环境的渲染。早期的 3D 图形加速卡不支持压缩纹理,但随着硬件技术的发展,目前几乎所有的图形硬件都已经能支持压缩纹理。而且 OpenGL 和 D3D 这两大渲染引擎也都认可了一定的压缩纹理标准。

在创建纹理压缩的时,可以利用多种方法:使用 D3D SDK 或 OpenGL SDK,采用 OpenGL SDK,采取离线处理的方式,将原始纹理压缩并重新写入新的瓦片块,以便在可视化框架中使用。创建纹理压缩的流程如图 7 - 7 所示。

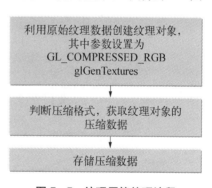

图 7 - 7　纹理压缩处理流程

7.2.2　海陆三维场景生成技术

"怪潮"三维展示系统实现了逼真的海陆三维场景再现,设计的关键技术包括:

1. 基于视点远近和可见面的冗余数据拣选(Culling)算法

拣选算法(Culling)指对于一个大型复杂的场景来说,同时存在着对人视觉感受做出贡献的可见多边形和那些并不可见的、对我们的视觉感受并不做出贡献的多边形。为了提高场景的渲染速度和渲染品质，系统只需要处理那些对于视点来说可见的多边形，将并不可见的多边形拣选出来，停止对它进行计算处理，从而大大减少系统需要处理的数据量，提高显示质量。使用的拣选算法主要有以下几个方面。

物体拣选（Object Culling）。这是最为简单的拣选方法。每一个空间物体都有一个边界块（Bounding Volume），凡是没有在视域范围（Viewing Range）内的边界块都不需要进一步处理其画面渲染的计算，这些物体即称为被拣选（Culled）。所谓视域范围是指视点的能见范围。凡是落在视域范围以外的物体都不需要在三维场景中出现，因而不需要对它进行处理。

背向面剔除（Back Face Culling）。通常多边形都定义某一面是正面，另一面称为背面。如果操作人员的视域范围内有些平面是背面朝向他的，并每有必要去对它进行计算处理，因此又可以减少大约一半的多边形数量。在 OpenGL 中有专门的接口函数进行背向面的剔除。

细节层次（LOD）。我们假设远方的物体并不需要表现太多细节，因为操作人员无法分辩这些远方物体的细节，因此在某一距离外的物体可用较少多边形来代表，而不影响整体的视觉品质。这个技术称为细节层次切换。

沉浸感是城市三维显示的特点，而获得沉浸感的前提是视点的充分进入。充分进入的视点由于城市中各种空间对象包括高大建筑物的遮挡，使其视域范围受到一定限制，对于较远区域以及视场角以外的区域可能不可见。剔除这些并不可见的冗余数据，只绘制可见范围内的数据，并在可见范围内进一步按视点远近依次显示不同层次的 LOD 模型，这样做可明显加快三维场景的绘制速度。具体实现如图 7-8 所示。

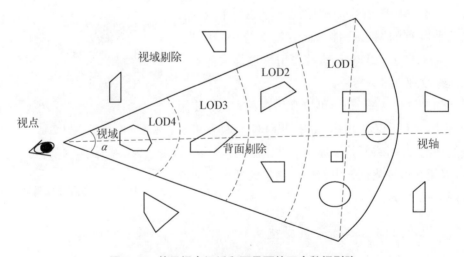

图 7-8 基于视点远近和可见面的冗余数据剔除

根据一定视场角，将视域范围确定在沿视轴方向的一个圆弧内，圆弧以外的对象都认为其不可见，对圆弧内对象按不同的距离远近分别调用其不同层次的 LOD 对象。该方法使得需要绘制的数据量大大减少,从而提高绘制速度。

对于判断物体是否在圆弧内的算法,可用判断是否在三角形内代替,具体算法如下:

$P(x,y)$对于一般空间物体,可建立其边界块,通常为一矩形,设矩形某一顶点为,判断 P 点是否在三角形 123(逆时针排列)内:

$$\begin{vmatrix} x_i & y_i & 1 \\ x_j & y_j & 1 \\ x & y & 1 \end{vmatrix} \geqslant 0 \quad (i=1、2、3;j=2、3、1)$$

当其中 (x_i,y_i) 为三角形某一顶点坐标,则 P 点处于三角形内。如果边界矩形的四个顶点都位于视域三角形以外,则剔除该物体。

对于视域范围内的实体,可根据每个实体的重要性以及距离远近进行赋权,以决定每个物体描述的精细程度。在此建立一精细度函数 $D(O,d,m)$ 以描述物体的精细度,即

$$D=\begin{cases} 0 & d>d_0 \\ D(O,d,m) & d\leqslant d_0 \end{cases}$$

其中,O 为物体的标识,d 为物体离视点的距离,m 为物体的重要性权值。D 是 d 的减函数,随着 d 的增大,物体精细度 $D(O,d,m)$ 减小,当 d 超过一定限值 d_0 后,则认为其对视点来说不可见,从而可将其拣选剔除。

2. 逆变换矩阵的获取及空间坐标计算

OpenGL 采用隐式矩阵计算的方法,将变换矩阵根据操作顺序放入堆栈中,堆栈中的矩阵对变换产生作用。为了进行几何和投影的反变换,需从堆栈中提取变换矩阵,矩阵堆栈的工作原理如图 7-9 所示:

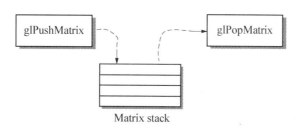

图 7-9　矩阵堆栈的操作

因为获取的空间点 P 的坐标 (e_X,e_Y,e_Z) 是在以视点为原点的视点坐标系的坐标,而空间对象的坐标 (X,Y,Z) 则是在场景坐标系中定义如图 7-10 所示。

想要实现空间对象的拾取与信息查询,需通过坐标变换将 P 的视点坐标 (e_X,e_Y,e_Z) 变换为

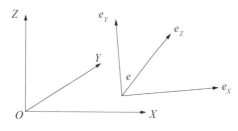

图 7-10　空间坐标系之间的关系

场景坐标(X, Y, Z)。坐标变换公式如下：

$$\begin{bmatrix} X \\ Y \\ Z \end{bmatrix} = \lambda \begin{bmatrix} a_1 & a_2 & a_3 \\ b_1 & b_2 & b_3 \\ c_1 & c_2 & c_3 \end{bmatrix} \begin{bmatrix} e_X \\ e_Y \\ e_Z \end{bmatrix} + \begin{bmatrix} X_e \\ Y_e \\ Z_e \end{bmatrix}$$

式中 a_1, a_2, $\cdots$, c_3 为两坐标系坐标轴之间的方向余弦，(X_e, Y_e, Z_e) 为视点在场景坐标系中坐标，λ 为比例系数。空间坐标获取的流程如图 7-11 所示。

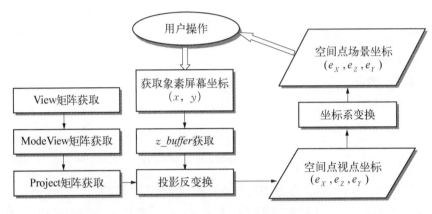

图 7-11 空间坐标获取流程图

7.2.3 三维绘制引擎构建技术

精美的模型和逼真的效果需要软件系统的三维绘制引擎支持才能将最终的效果表现出来，不同的三维绘制引擎对于模型的表现不尽相同。三维游戏引擎(如 Quake、Unreal、Halflife 的引擎)对于效果的表现最好，但是由于其软件架构的设计主要是针对局部和小范围场景的，在大规模场景数据上缺少必要的优化手段和支持，同时没有对属性数据的整合与表现，不适合用于工程、城市规划以及城市防灾减灾等领域。

传统的 GIS 软件中现在开始附带一些三维表现模块，但由于其三维模块都是在设计后期加入的，整合程度不佳。加上 GIS 软件中的三维表现主要针对地形，对于城市建筑物的表现手法单一，无法逼真地再现城市建筑的外观和周围环境。

3D 可视化信息系统必须针对城市空间信息数据海量化的特点，绘制引擎采用 PVS、连续 LOD、场景自动简化、分布式集群绘制等优化技术，在大规模数据的绘制方面，取得突破性进展，使其居于国内领先地位；在绘制效果方面，系统应支持多种着色特效以及高级着色语言，用户除了使用系统自带的高级着色功能，还可以自己订制特效。从而，在绘制引擎优良的架构设计和专业的性能优化基础上，使可观赏性和性能上取得很好的平衡。

该技术难点在于：在用户浏览器有限的图形处理和计算处理资源支持下，面对海量的高分辨率遥感和地形(包括城市建筑物和附属设施)数据，如何采用优化的算法和策略，实现城市任意区域三维场景的高度真实、实时动态、可交互的立体显示和漫游。

项目可采用以下技术途径和措施：

（1）以海量数据的金字塔模型和 LOD 算法为基础，设计数据分层、分块、存储和调度策略等一系列预处理流程和方法，实现数据的快速高效调度。

（2）自适应利用 GPU 和 CPU"多核"处理器的计算效能。对于具有高性能图形处理器的用户，首先利用微机图形处理器（Graphic Process Unit，GPU）的三维加速特性，在深入研究 GPU 图形渲染引擎的结构和特性的基础上，充分利用 GPU 的可编程性，引入适应图形硬件的算法，如 Geometry mipmap、Chunked LOD 以及 Geometry Clipmap 等算法，通过对 Geometry Clipmap 等算法的进行改进，这些算法可以通过在图形卡内存上高速缓冲，极大提高三维图形的绘制速度，改善绘制效果，保证三维影像显示的逼真性和实时性。

设计并实现支持多线程渲染、数据渐进调度的地形渲染引擎，进一步提升了海量地形三维绘制的速度，利用顶点着色器实现局部高精度地形数据的"镶嵌"显示。

结论

本章通过介绍对"怪潮"这种自然现象的三维展示，详细叙述了三维展示系统中三维数据资源建设、三维景观构建和海洋要素 3D 展示。对三维展示过程中的关键技术：海量地形数据的处理、海陆三维场景生成以及三维绘制引擎构建技术做了深度剖析。三维再现技术作为海洋现象重现的重要手段已经在很多海洋应用中得以实施，是海洋信息技术的重要组成部分。

第8章 海洋信息技术在海洋
防灾减灾中的应用

当前,自然灾害呈现出变化加速、规则性缺乏、突发性强等特点,海洋给沿海地区带来优越环境和良好的发展空间的同时,也带来了风暴潮、巨浪、海冰、海啸、赤潮以及海岸侵蚀、海水入侵及盐渍化、咸潮及海平面上升等海洋灾害。海洋灾害在各类自然灾害总经济损失中约占 10% 左右。

随着物联网、大数据、云计算等新技术的发展,我国防灾减灾工作已突破原有的政府体系内部开展灾情信息的采集、分析、服务等模式,更多的社会组织如高校、研究所等参与其中,并发挥重要作用。本章通过数字海洋研究所承担的实际项目,从灾害预报、灾害评价、灾害辅助决策技术三个角度介绍信息技术在海洋防灾减灾中的应用。

8.1 灾害预报分析技术及应用

风暴潮数值模式的研究开始于 20 世纪 50 年代,最初是通过对二维流体力学基本方程组的积分给出风暴潮增水的极值。随着计算机技术和风暴潮研究技术的发展,风暴潮的数值预报模式也日益完善。Jelesnianski 等在 70 年代建立了 SPLASH 模式,并于 80 年代初期开发了一个二维流体动力学的数值模式——SLOSH 模式,该模式已广泛应用于海、陆以及湖泊的台风暴潮预报。王喜年等建立了覆盖整个中国沿海的五区块(FBM)模型。

近年来,风暴潮运动的三维数值模式得到很大发展。从物理角度看,三维模型可以用来描述风暴潮的水流垂向结构,而且三维模型在近底处的底部摩阻假设更为真实。在二维模型中通常将底部摩擦阻力与沿水深平均的流速建立关系,这种假设在风暴潮与天文潮以及风暴潮与波浪的非线性作用中影响非常显著。

从工程角度而言,三维模型可为海上石油平台,海底管线等海岸工程的设计提供借鉴,因为这些工程往往更注重于水流而不是水位,尤其是风暴潮条件下的水流结构。三维风暴潮应用的局限性在于除了增水验证外,对现场的水流运动缺乏验证资料,这一定程度上降低了其应用价值;同时在三维模型中边界条件如开边界条件、风应力条件以及底摩擦的形式也将发生改变,并且变得更为复杂。但是,随着计算技术的发展和三维水动力数学模型理论及计算方法的完善,三维风暴潮模型必将得到越来越广泛的应用。

8.1.1　水动力模型

在洪水演进与预报中水力学模型的选取至关重要，在国内外已公开发布的水力学模型中主要有以下几种：SMS，MIKE21，CH3D，ADCIRC 和 IDOR3D 五个模型。这五个模型的特点简述如下。

1. SMS‐RMAZ 模型

该模型是一个二维有限元水力学模型，于 1973 年开发完成，主要用于计算水位、流量等水流参数。它是大型商业软件包地表水模拟系统 SMS(the Surface Water Modeling System)的重要组成部分。该模型由美国陆军工程师兵团、水道实验站和美国联邦公路局共同开发的一个大型软件。SMS 能较好地适用于流域面积大、水流复杂的水系结构，它能处理大到几千个的二维浅水单元网络组成的系统，运行稳定，能进行河流、湖泊、河口水流的模拟计算，在世界各地区得到了广泛的应用。

2. MIKE21 模型

该模型是一个二维有限差分水力学模型，由丹麦水力研究院在 20 世纪 70 年代初期开发完成。它能用于模拟二维自由水流，包括湖泊、河口、海洋的水流演算，水质、泥沙输送的模拟计算。

3. CH3D 模型

该模型是一个二维有限差分模型，可以用来解决二维水力学问题，由美国陆军工程师兵团和洛瓦大学共同开发完成。它能用于模拟河道、湖泊、河口、海岸等各种水流；能模拟潮汐、风雍水、水面热交换、河口淡水水流等。但该模型目前还处于研究阶段，不提供技术支持。

4. ADOR3D 模型

该模型是一个三维有限元模型，由美国北卡罗来纳大学和圣母玛利亚大学联合开发完成。它可以模拟湖泊、河口、海岸等各种水流。

5. IDOR3D 模型

该模型是一个三维有限差分模型，由加拿大麦克马斯特大学 Loannis K. Tsanis 博士开发完成，最初该模型是用于河口和海岸水流模拟，但也可用于河道、湖泊水流模拟。

流体动力学模型是在计算机问世之后，综合流体力学、计算数学以及各种生产应用技术而发展起来的一门新兴学科。它除了具有耗资省、速度快、修改灵活等优点外，还具有其他模拟技术难以甚至不能达到的解决问题的能力。

流体运动数值模拟国外始于 60 年代，国内始于 70 年代，并于 70 年代末以后有大量研究成果问世。其控制方程分别有一、二、三维数学模型。总体而一言，70 年代主要以一维潮流计算为主，80 年代后，大多已经采用二维数值模拟模型，并按照需要配以泥沙、盐度和污染物等物质输移模型，三维模型也逐步展开，并取得了一些有价值的成果。由于对于海岸河口地区及河流和蓄洪区内的水域属宽浅型水域，即水平尺度远远大于垂直尺度，因此,将实际的三维潮流运动的三维模型进行垂向积分得到的二维浅水波方程得到了广泛的应用,目前已经达到了实用化的程度。由于计算机容量、内存和速度发展所限和大多数情况下二维模型已经能够满足要求等因素,三维模型的应用不及二维模型广泛。

8.1.2 水动力模型调试率定

为了保证数学模型选取合理模型参数以较准确的模拟与现实吻合,模型率定和验证成为数学模型从建立到真正应用的非常重要的环节,流程如图 8-1 所示。在厦门岛风暴潮的应用中分两步检验模型的正确性:第一步为模型率定,通过调整模型参数使结果与预报天文潮及实测潮位的比较达到最佳状态;第二步为模型验证,在不改变模型参数的前提下,用另一套实际资料重新计算,并通过与验证数据的比较考核模型的有效性。厦门岛风暴潮模型主要包括对天文潮和台风增水作用的模拟,所以率定和验证主要针对涉及天文潮和台风增水相关的参数,包括地形糙率、涡粘系数和风摩擦系数的选取。

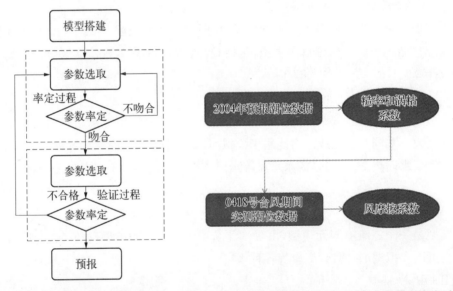

图 8-1　模型率定和验证流程图　图 8-2　多个单元组成的控制元厦门岛风暴潮率定过程

调试率定数据选用厦门海洋站 2004 年预报潮位数据和 0418 号台风期间实测潮位数据,厦门海洋站位置为东经 118.04,北纬 24.27。具体率定步骤如图 8-2 所示。

用率定好的糙率和涡粘系数模型用于风摩擦系数的率定,率定数据为 0418 号台风期间实测潮位数据。

1. 常规天文潮率定

先率定影响常规天文潮过程的参数,糙率和涡粘系数,率定数据选用的数据是 2004 年的预报潮位数据。图 8-3(可参见附录彩页)是预报潮位和计算潮位的比较,由图可以看出两者相互吻合,参数取值可信。经过率定确定了平面分布的 Manning 图,如图 8-4 所示(可参见附录彩页),涡粘系数用 Smagorinsky 公式确定,Smagorinsky 系数取 0.31。

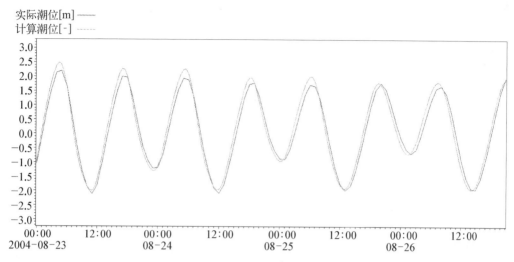

图 8-3　0418 号台风期间预报潮位和计算潮位比较

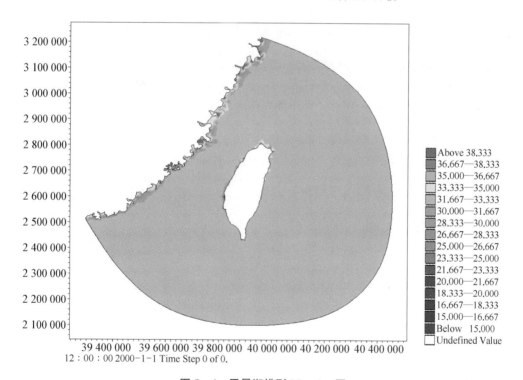

图 8-4　风暴潮模型 Manning 图

2. 风暴潮率定

使用常规天文潮确定的 Manning 图和涡粘系数,然后选用 0418 号台风期间实测潮位用来率定风摩擦系数。图 8-5(可参见附录彩页)是实测潮位和计算潮位的比较,由图可以看出两者相互吻合,参数取值可信。风摩擦系数选用随风速变化的值,当风速在 7～25 m/s 间,风摩擦系数在 0.001 255～0.002 425 线性增大,当风速小于 7 时取0.001 255,当风速大于 25 时取 0.002 425。

实际潮位[m] ——
计算潮位[-] ……

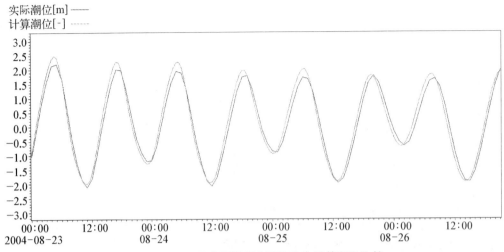

图 8-5 0418 号台风期间实测潮位和计算潮位比较

8.1.3 水动力模型在厦门岛风暴潮中的应用

本模型直接应用于厦门岛风暴潮的预警预报,引发厦门岛风暴潮的历史台风历史路径一般是从外海登陆到厦门岛及其周边陆地,在此过程中在台风的中心低气压和风场的双重作用下水位的壅高从外海开始,所以为了准确模拟厦门岛周边水位的增水情况建立了跨南海和东海海域的大区域风暴潮模型,如图 8-6 所示(可参见附录彩页)。同时,为

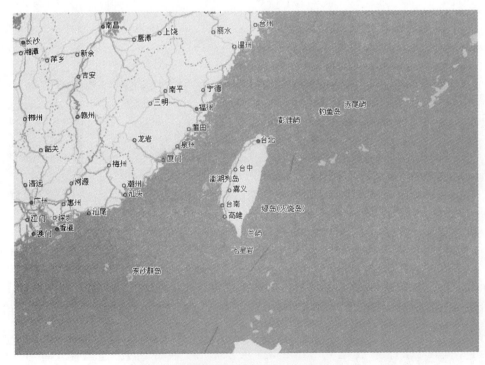

图 8-6 厦门岛周边海域风暴潮研究区域

了详细研究在特定增水条件下厦门岛的洪水淹没过程,分析不同的溃堤漫堤情况,建立了高精度的包含厦门岛内陆及其海湾水域的洪水演进模型,如图8-7所示(可参见附录彩页)。

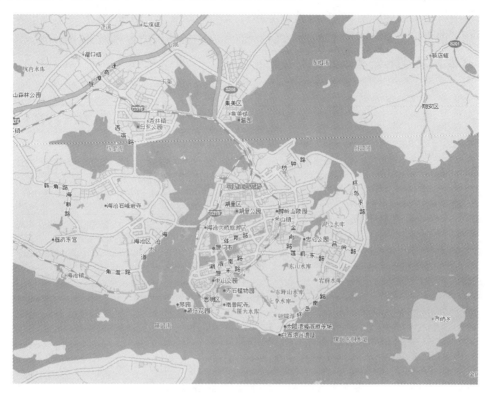

图8-7　厦门岛洪水演进模型研究区域

1. 预案计算和厦门岛风暴潮分析

厦门岛风暴潮决策支持过程中数学模型可提供两种支持方式:一种是预案速查,另一种是实时模拟。风暴潮处理具有高度的时效性,在最短的时间内形成一个大致正确的决策至关重要。厦门岛风暴潮预报系统采取建立预案的方法提高决策效率。预案速查手册即通过分析各种情形的风暴潮场景及应对方案,事先应用数值模型对不同气象条件、不同溃堤位置、不同溃口大小的工况进行模拟分析,然后分析各种风暴潮引发洪水的影响范围和历时,从而确定危害程度,并存入数据库。一旦发生风暴潮,就可以将实际风暴潮场景与预设场景作比较,找到相近的场景,调用对应的结果,用于决策支持。由于实际风暴潮场景与预设场景之间有一定的差别,所以必须同步进行实时决策,向预警预报模型系统输入详细的风暴潮信息进行数值模拟,然后调用其他模块支持实时决策。实时决策需要一定的时间代价,但是它可以提供更准确的信息。将预案速查手册与实时预报模拟相结合,满足了实时决策对信息时效性和准确性的高要求。

另一方面,通过对历史台风预案和设计预案的模拟,分析模拟结果可以了解厦门岛发生风暴潮的风险程度,以及哪些区域是容易遭受风暴潮灾害,不同的气象条件下的灾害程度又是怎样的,为厦门岛风暴潮预防和应急所采取的工程性和管理性措施提供依据。

2. 历史台风预案计算

通过对 1959—2007 年间厦门岛发生的风暴潮进行模拟,分析计算结果可以了解到厦门岛发生风暴潮的风险有多大,以及在不同台风大小和路径的情况下,哪些区域风暴潮容易登陆而引发城市洪水问题。表 8-1 是 1959—2007 年间历史台风概况,图 8-8 至图 8-11(可参见附录彩页)是部分历史台风路径图。表 8-2 是历史台风预案计算结果。

表 8-1 历史台风预案概况表

预案号	台风编号	台风名称	历　时	台风路径	最低中心气压	最大风速
1	5903	无	8.19—8.23	见图 7-37	965	50
2	5904	无	8.24—9.3	见图 7-38	885	100
3	6312	无	9.4—9.15	见图 7-39	918	70
4	6814	无	9.22—10.2	见图 7-40	950	50
5	6903	无	7.20—7.31	见图 7-41	896	75
6	6911	无	9.16—10.2	见图 7-42	916	65
7	7115	无	7.19—7.27	见图 7-43	905	65
8	7209	无	8.10—8.20	见图 7-44	920	60
9	7301	无	6.28—7.6	见图 7-45	978	35
10	7315	无	10.2—10.10	见图 7-46	925	55
11	7821	无	10.11—10.14	见图 7-47	925	55
12	8209	无	7.22—7.30	见图 7-48	935	55
13	8304	无	7.23—7.26	见图 7-49	950	45
14	8617	无	9.14—9.21	见图 7-50	950	50
15	8709	无	10.17—10.26	见图 7-51	940	45
16	9012	无	8.15—8.23	见图 7-52	955	45
17	9015	无	8.28—8.31	见图 7-53	955	45
18	9123	无	10.23—10.31	见图 7-54	910	60
19	9216	无	8.27—8.31	见图 7-55	975	35
20	9417	无	8.16—8.22	见图 7-56	935	55
21	9504	无	7.27—7.31	见图 7-57	980	30
22	9607	无	7.22—7.27	见图 7-58	965	40
23	9711	无	8.9—8.20	见图 7-59	950	45
24	9914	无	10.3—10.10	见图 7-60	965	40
25	200010	碧利斯	8.18—8.25	见图 7-61	930	55
26	200313	杜鹃	8.30—9.3	见图 7-62	950	45
27	200418	艾利	8.22—8.27	见图 7-63	960	40
28	200510	珊瑚	8.11—8.13	见图 7-64	975	30
29	200604	碧利斯	7.9—7.15	见图 7-65	975	30
30	200709	圣帕	8.13—8.20	见图 7-66	910	65

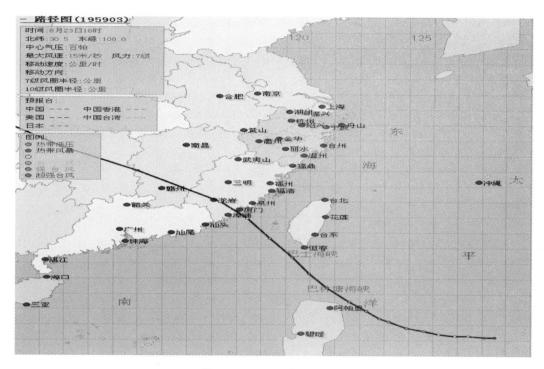

图 8-8　5903 号台风路径图

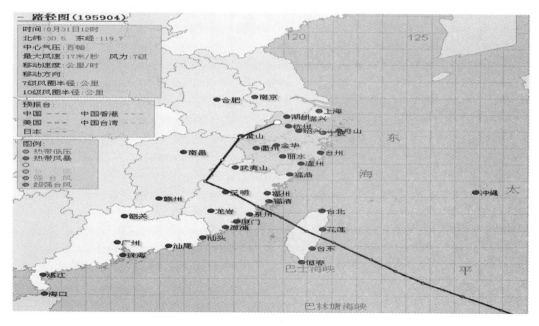

图 8-9　5904 号台风路径图

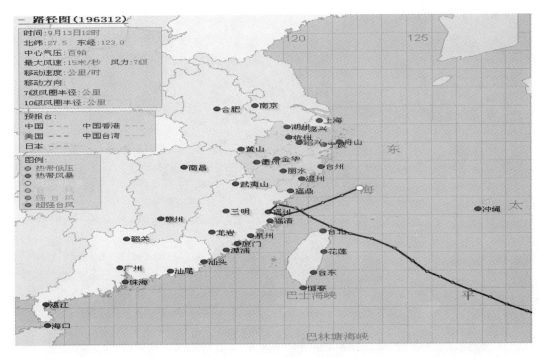

图 8‑10 6312 号台风路径图

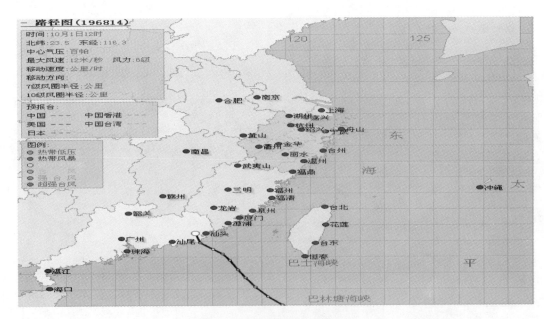

图 8‑11 6814 号台风路径图

表 8－2　历史台风预案计算结果表

预案号	台风编号	最大淹没范围	最大淹没面积（km²）
1	5903	见图 7－130～7－132	2.786 442
2	5904	见图 7－133～7－135	2.913 997
3	6312	见图 7－136～7－138	3.012 915
4	6814	见图 7－139～7－141	3.074 497
5	6903	见图 7－142～7－144	3.439 434
6	6911	见图 7－145～7－147	4.708 074
7	7115	见图 7－148～7－150	3.103 983
8	7209	见图 7－151～7－153	3.116 404
9	7301	见图 7－154～7－156	3.404 7
10	7315	见图 7－157～7－159	3.480 925
11	7821	见图 7－160～7－162	3.649 985
12	8209	见图 7－163～7－165	2.935 342
13	8304	见图 7－166～7－168	2.776 633
14	8617	见图 7－169～7－171	4.829 733
15	8709	见图 7－172～7－174	4.365 678
16	9012	见图 7－175～7－177	3.527 651
17	9015	见图 7－178～7－180	2.392 44
18	9123	见图 7－181～7－183	4.443 955
19	9216	见图 7－184～7－186	5.099 074
20	9417	见图 7－187～7－189	4.230 161
21	9504	见图 7－190～7－192	3.015 748
22	9607	见图 7－193～7－195	5.407 624
23	9711	见图 7－196～7－198	4.973 725
24	9914	见图 7－199～7－201	5.213 136
25	200010	见图 7－202～7－204	3.306 226
26	200313	见图 7－205～7－207	3.444 839
27	200418	见图 7－208～7－210	2.999 705
28	200510	见图 7－211～7－213	2.812 768
29	200604	见图 7－214～7－216	4.528 277
30	200709	见图 7－217～7－219	3.193 131

8.2 灾害评价技术及应用

灾害评估模块是各类灾害辅助决策系统不可或缺的组成部分,在城市地理信息系统及城市风暴潮灾害预测系统的支持下,结合城市经济价值的空间分布,可以于风暴潮灾害前对厦门市本岛(温州市重要地区)灾害影响范围、灾害程度做出预评价;评估灾害的社会经济影响,为抗灾减损调度,提供决策依据。

淹没等级评价模块调用城市网格实时动态水位分布数据,计算各网格对各灾情等级模糊集的隶属度,由最大隶属度原则,确定其水淹等级及等级值、同时计算各街道水淹等级值与等级;再计算各区水淹等级值与等级、整个城市水淹等级值与等级;最后从高级到低级,依次提取相同水淹等级的网格,计算其总面积、相对面积等。

本节的将分两部分进行介绍:灾害等级规则生成、灾害等级评定模块。

8.2.1 厦门风暴潮淹没等级规则生成

根据用户评定等级数 $m(m=3、4、5)$,该市历史水灾淹水最深处水位 h_M,各等级区间值以及各受淹等级的隶属函数类型的设定,计算各受淹等级的选定隶属函数的参数。并参考有关部门水灾水等级评价标准、结合历史灾情数据,确定各受淹等级的模糊集隶属函数默认值。

这里的网格是指指定决堤方式下水动力学系统生成的三角形计算网格,而城市风暴潮灾害综合评估的主要工作单元是街道,厦门市本岛共有 2 区,15 个街道。街道的人口、企事业单位、房屋占地面积等社会经济数据通过 GIS 系统的空间分析功能叠加到高程图上。

系统默认状态下各受淹等级的模糊集隶属函数将各网格(街道)的受淹等级评价为从高到低:黑色渍涝、红色渍涝、橙色渍涝、黄色渍涝与蓝色渍涝五个等级,以论域 $U=[0,600]$(单位:cm)上五个模糊集表示。

参考《厦门市房屋防洪防台风抢险救灾预案》、《温州市城市防台防洪预案》、《2007 年北京市建委防汛预案》、《民用建筑设计通则》(JGJ37—87)(民用建筑物底层地面应高出室外地面至少 0.15 m)国民体质监测公报透露的中国男女性平均身高(男 169.7 米、女 158.6 米、平均 164.15 米)、常见车型的最大涉水深度(重型大货车为 100 至 120 cm,普通大货车为 45 至 80 cm,越野吉普车为 60 cm,小客车不能超过 40 cm,一般轿车为 13 cm 到 20 cm)等资料,结合厦门、温州两市历史渍涝数据,确定各受淹等级对应区间及含义如下为:

(1)蓝色渍涝:积水深度低于 20 cm,高于 2 cm,积水仅及人的脚面、房屋不进水、公路上大部分车辆可以涉水行驶。

(2)黄色渍涝:积水深度达到 20 cm 以上 60 cm 以下,积水及膝、房屋进水、全部小客车少量货车无法行驶。

（3）橙色渍涝：积水深度达到 60 cm 以上 110 cm 以下，积水齐腰，底层房屋严重进水，全部客车及大部分货车无法行驶。

（4）红色渍涝：积水深度达 110 cm 以上 170 cm 以下，积水没顶危及生命，公路上所有车辆都将无法行驶，部分危房将倒塌。

（5）黑色渍涝：积水深度达到 170 cm 以上，撤离全部人畜，……。

采用钟形和梯形隶属函数取下列函数表达从蓝色渍涝到黑色渍涝的五个等级如下：

（1）蓝色渍涝 blue(h, t)＝gbellmf(h, [20 5 2], t)。

（2）黄色渍涝 yellow(h, t)＝gbellmf(h, [20 5 40], t)。

（3）橙色渍涝 orang(h, t)＝gbellmf(h, [25 5 85], t)。

（4）红色渍涝 red(h, t)＝gbellmf(h, [30 5 140], t)。

（5）黑色渍涝 black(h, t)＝trapmf(h, [145 190 600 600], t)。

其中 h，t 表示积水的深度和时间。

描述各受淹等级的隶属函数的图像见图 8－12～图 8－14（可参见附录彩页）。

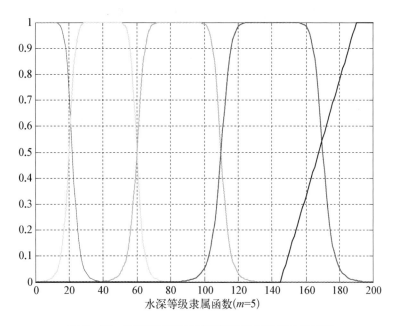

图 8－12　五级评价时各受淹等级的隶属函数的图像

将各网格（街道）的受淹等级评价为从高到低：红色渍涝、橙色渍涝、黄色渍涝与蓝色渍涝四个等级，以论域 U＝[0，600]（单位：cm）上四个模糊集表示如下：当 $m＝4$ 的情况下，① y1＝gbellmf(x, [30 3 0])；② y2＝gbellmf(x, [25 3 55])；③ y3＝gbellmf(x, [25 3 105])；④ y4＝trapmf(x, [110 150 600 601])。

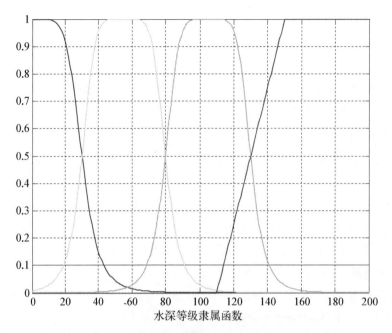

水深等级隶属函数

图 8‑13 四级评价时各受淹等级的隶属函数的图像

将各网格(街道)的受淹等级评价为从高到低:红色渍涝、黄色渍涝与蓝色渍涝三个等级,以论域 U＝[0,600](单位:cm)上三个模糊集表示如下:当 $m = 3$ 的情况下,① y1＝gbellmf(x,[40 5 0]);② y2 = gbellmf(x,[35 5 75]);③ y3 = trapmf(x,[90 130 600 600])。

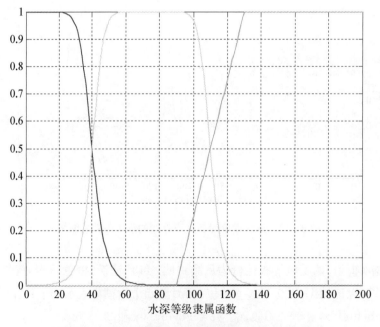

水深等级隶属函数

图 8‑14 三级评价时各受淹等级的隶属函数的图像

8.2.2　淹没等级评价

在用户选择灾害发生方式(决堤方式)与灾害发生时间的条件下,调用相应时间各网格水深分布数据,根据受淹等级评定规则,计算各网格的受淹等级与等级值、各街道的受淹等级与等级值、各区的受淹等级与等级值、整个城市的受淹等级与等级值。

1. 实现方法

(1) 网格受淹等级与等级值。调用城市网格实时动态水深分布数据,计算各网格对各网格灾情等级模糊集的隶属度,由最大隶属度原则,确定其受淹等级。再从高级到低级,依次提取相同受淹等级的网格,计算其总面积、面积百分比等。

(2) 街道受淹等级与等级值。调用城市各街道包含的所有网格实时动态水深分布数据,计算各街道实时动态平均水深,以及平均水深值对各街道灾情等级模糊集的隶属度,由最大隶属度原则,确定其受淹等级。再从高级到低级,依次提取相同受淹等级的街道,计算其总面积、面积百分比等。

(3) 区受淹等级与等级值。第 n 个区的实时水淹等级值 SQ_n ＝区包含的所有网格的水淹等级值的面积百分比加权和(此处面积百分比为:网格面积/网格所在区的面积)。

记

$$rq_{j_0}^n = \max_{j=1,\cdots,m}\left\{\frac{SQ_n * m}{100j}\left| if\ \frac{SQ_n * m}{100j} \leqslant 1\right.\right\}$$

则该区的实时水淹等级为 j_0(若有 2 个 j 值使得 rq_{j_0} 相同大,则 j_0 取其中比较大的)。

(4) 整个城市受淹等级与等级值。整个城市的实时水淹等级值 SC ＝城市包含的所有网格的水淹等级值的面积百分比加权和(此处面积百分比为:网格面积/整个城市的面积)。

记

$$rc_{j_0} = \max_{j=1,\cdots,m}\left\{\frac{SC * m}{100j}\left| if\ \frac{SC * m}{100j} \leqslant 1\right.\right\}$$

则该城市的实时水淹等级为 j_0(若有 2 个 j 值使得 rq_{j_0} 相同大,则 j_0 取其中比较大的)

2. 结果表示

分别以图和报表两种形式表示对某一种决堤(或漫堤)方案的某一次模拟的某时刻城市评价区的受淹情况,其评价的基本单位有水位计算网格(单个网格面积在 58 m² 至 38 458 m² 之间,网格平均面积 5 740 m²),厦门市本岛计算网格总数 23 976 个)、街道和区。如图 8-15(可参见附录彩页)和图 8-16(可参见附录彩页)分别是一次以计算网格(街道)为单位的风暴潮灾害水淹等级评价结果的图示,图 8-17(可参见附录彩页)是一次以街道为单位的风暴潮灾害水淹等级评价结果的报表展示。为便于统计和观察,在系统中进行了网格再划分,利用 GIS 系统的空间分析功能,按照面积占优的原则,将不规则的三角形网格细分为每格边长 50 米的方形网格。

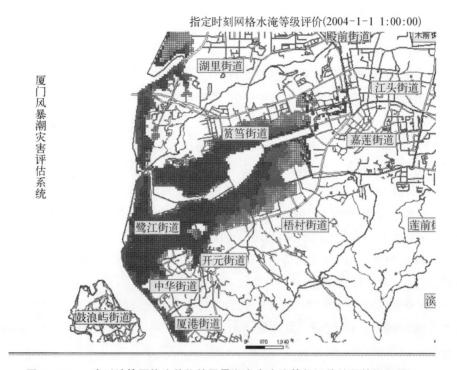

图 8-15　一次以计算网格为单位的风暴潮灾害水淹等级评价结果的图形展示

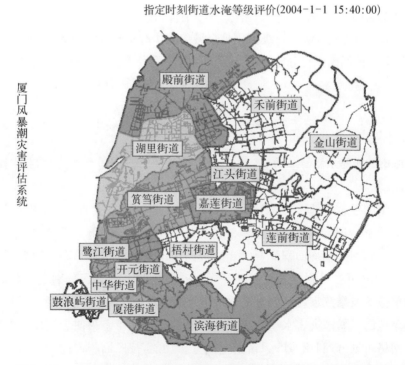

图 8-16　一次以街道为单位的风暴潮灾害水淹等级评价结果的图形展示

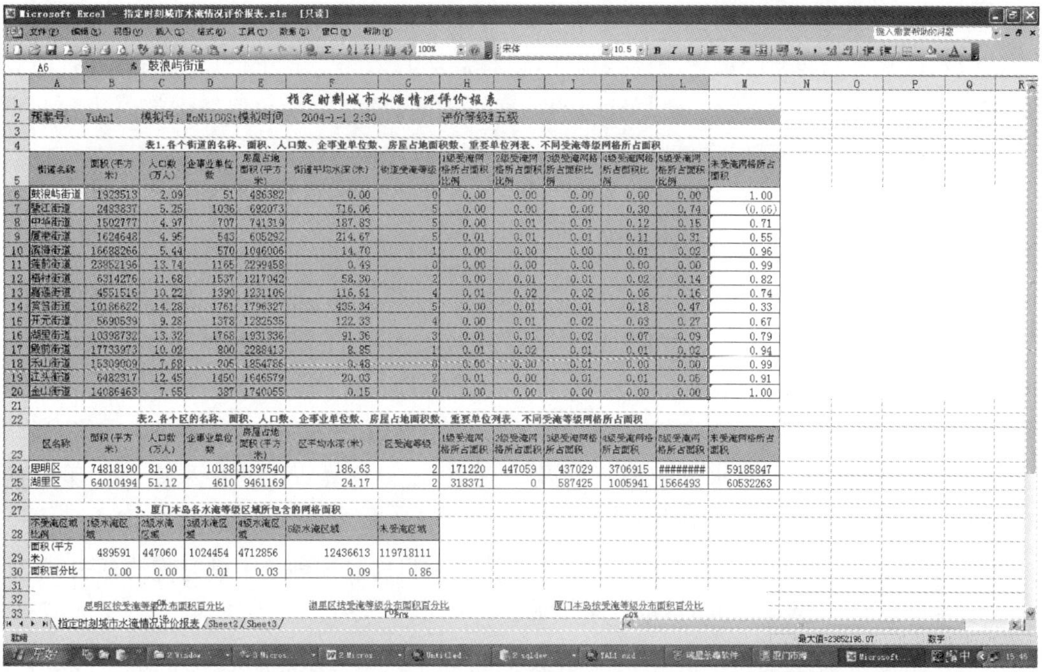

街道名称	面积(平方米)	人口数(万人)	企事业单位数	房屋占地面积(平方米)	街道平均水深(米)	街道受淹等级	1级受淹网格所占面积比例	2级受淹网格所占面积比例	3级受淹网格所占面积比例	4级受淹网格所占面积比例	5级受淹网格所占面积比例	未受淹网格所占面积
鼓浪屿街道	1923513	2.09	51	486382	0.00	0	0.00	0.00	0.00	0.00	0.00	1.00
鹭江街道	2483837	5.25	1036	692073	716.06	5	0.00	0.00	0.00	0.30	0.74	(0.06)
中华街道	1502777	4.97	707	741319	187.83	5	0.00	0.01	0.01	0.12	0.15	0.71
厦港街道	1624648	4.95	543	605292	214.67	5	0.01	0.01	0.01	0.11	0.31	0.55
滨海街道	16688266	5.44	570	1046006	14.70	1	0.00	0.00	0.00	0.01	0.02	0.96
莲前街道	23852196	13.74	1165	2299458	0.49	0	0.00	0.00	0.00	0.00	0.00	0.99
梧村街道	6314276	11.68	1537	1217042	58.30	2	0.00	0.01	0.01	0.02	0.14	0.82
嘉莲街道	4551516	10.22	1390	1231106	116.61	4	0.01	0.02	0.02	0.06	0.16	0.74
筼筜街道	10186622	14.28	1761	1796327	435.34	5	0.00	0.01	0.01	0.18	0.47	0.33
开元街道	5690539	9.28	1378	1282535	122.33	4	0.00	0.01	0.02	0.03	0.27	0.67
湖里街道	10398732	13.32	1768	1931336	91.36	3	0.01	0.01	0.02	0.07	0.09	0.79
殿前街道	17733973	10.02	800	2288413	8.85	1	0.01	0.02	0.01	0.01	0.02	0.94
禾山街道	15309009	7.68	205	1854786	0.48	0	0.00	0.00	0.01	0.00	0.00	0.99
江头街道	6482317	12.45	1450	1646579	20.03	2	0.01	0.00	0.01	0.01	0.05	0.91
金山街道	14086463	7.65	387	1740055	0.15	0	0.00	0.00	0.00	0.00	0.00	1.00

表2. 各个区的名称、面积、人口数、企事业单位数、房屋占地面积数、重要单位列表、不同受淹等级网格所占面积

区名称	面积(平方米)	人口数(万人)	企事业单位数	房屋占地面积(平方米)	区平均水深(米)	区受淹等级	1级受淹网格所占面积	2级受淹网格所占面积	3级受淹网格所占面积	4级受淹网格所占面积	5级受淹网格所占面积	未受淹网格所占面积
思明区	74818190	81.90	10138	11397540	186.63	2	171220	447059	437029	3706915	########	59185847
湖里区	64010494	51.12	4610	9461169	24.17	2	318371	0	587425	1005941	1566493	60532263

3、厦门本岛各水淹等级区域所包含的网格面积

不受淹区域比例	1级水淹区域	2级水淹区域	3级水淹区域	4级水淹区域	5级水淹区域	未受淹区域
面积(平方米)	489591	447060	1024454	4712856	12436613	119718111
面积百分比	0.00	0.00	0.01	0.03	0.09	0.86

图 8－17　一次以街道为单位的风暴潮灾害水淹等级评价结果的报表展示

8.3　灾害辅助决策技术及应用

在灾害辅助决策中，最重要是在有限的撤离安置点和联通道路网中，生成受灾人口快速和安全撤离的应急预案，这是一个典型的优化问题，而影响决策得主要因素是受灾区面积，人口数，安置点容量，安置点数量和撤离路径等。解决最优路径的方法很多，如图论方法、动态规划法、遗传算法和神经网络等。

8.3.1　风暴潮灾害撤离路径路计算模型

路径分析是洪水灾害避难系统中最基本的功能。从网络模型的角度看，最佳路径求解就是在制定网络中两结点间找一条路径花费最小的路径，最佳路径在不同的情况下，表现的要求也不同。有时要求遍历总路径的时间最短；有时要求遍历总路径的长度最短；有时则是两种要求的综合考虑。路径最短寻优是一种静态寻优，与实时交通状况无关，只与交通网结构相关。时间最短寻优，是一种动态寻优，与实时交通状况有着密切的关系。而其他寻优是在路径最短或时间最短前提下添加的其他的约束条件。

1. 静态最佳路径分析

最短路径一直是工程规划、地理信息系统、军事等领域应用十分广泛的问题。目前，解决最短路径问题的方法已经有几十种，如：Dijkstra 方法、蚁群算法、动态规划方法、神经网络算法、遗传算法等，而对这些算法进行的各种改进算法更是为数众多。

最短路径问题研究大致可分为三类：第一类是最短路径的算法研究，讨论最短路径算法及根据实际问题对经典算法进行优化，以提高运行效率。其中被广泛采用并且研究最多的是 Dijksrta 算法。第二类是对图的数据结构的研究，这些数据结构都以边和节点结构为基础。第三类是关于道路网络、管道或管线网络图的建模。

在目前已知的最短路径算法中，绝大多数将搜索策略集中在贪心策略上。针对无损最短路径算法的两大分支——标号设定法(label setting algorithm)与标号改正法(label correcting algorithm)，专家们提出了各种各样的运行数据结构，对几十年来所提出的各种各样的最短路径算法作了十分详细的分析与比较。值得注意的是，虽然标号改正法可以解决存在负权边的网络最短路径问题，但由于它不能保证在每次循环中均能发现一条最优路径，其效率一般比标号设定法低。此外，由于现实中的网络，无论是交通网络、通信网络，还是设施管网、江河水系一般不涉及负权边，使得标号设定法中采用贪心策略的 Dijkstar 算法备受瞩目，以极强的抗差性而得到广泛的普及与应用，也成为国内外大型 GIS 平台网络分析模块的首选算法。Dijkstar 算法是目前已知理论中最完善的算法，不同的实现方法构成了 Dijkstar 算法的庞大家族。

假设给定带权有向图 D 和点 V，要求从 V 到 D 中其余各顶点的最短路径。迪杰斯特拉提出了一个按路径长度递增的次序产生最短路径的算法，计算步骤如下：

(1) 定义二维数组 COST[i, j]，其值代表弧(V_i, V_j)，上的权值。若(V_i, V_j)不存在，则置为∞。S 为已找到从 V 出发的最短路径的终点的集合，其初始状态空，那么 dist[i]＝COST[V_0, i]，其中为 V_0 源点的序号。

(2) 选择 V_j，使得 dist[j]＝Min{dist[i]|Vi∈V−S}，即 V_j 为当前求得的一条从 V_0 出发的最短路径的终点，并令 S＝S∪{j}。

(3) 修改从 V 出发到集合 V−S 上任一顶点 V_k 可达到的最短路径长度。若 dist[j]＋COST[j,k]＜dist[k]，则修改 dist[k]＝dist[j]＋COST[j,k]。

(4) 重复步骤②和③共 $n-1$ 次。由此求得从 V 到图上其余各顶点的最短路径是依路径长度递增的序列。

这个算法实际上就是以迭代的方式扫描网络的节点。在每次迭代过程时，都试图找到一条从根点到所扫描的节点间的路径，而这条路径应比当前路径更优(更短)。如在网络中找不到更短的路径时，算法即结束。在整个算法中共用到两次循环，总的时间复杂度是 O(n^2)，但若要找出每一对顶点间的最短路径，则需执行该算法 n 次，其时间复杂度是 O(n^3)。

Dijkstra 算法中应用关联矩阵、邻接矩阵存储网络数据，需要定义 NXN(N 为网络结点数)的矩阵，会有大量的无效的 0 元素或∞元素。当网络的结点数较大时，将占用大量的存储空间，并且运算也很浪费时间。因此常采用邻接表存储网络数据，大大减少了存储空间。

2. 基于修正线性规划方法的路径优化分析

线性规划方法是在第二次世界大战中发展起来的一种重要的数量方法，也是企业进行总产量计划时常用的一种定量方法。线性规划是运筹学的一个最重要的分支,理论上最完善,实际应用得最广泛。主要用于研究有限资源的最佳分配问题,即如何对有限的资源做出最佳方式的调配和最有利的使用,以便最充分地发挥资源的效能去获取最佳的经济效益。由于有成熟的计算机应用软件的支持,采用线性规划模型安排生产计划,并不是一件困难的事情。在总体计划中,用线性规划模型解决人员撤离问题的思路是,在综合考虑安置点人员容量、撤离路线成本和撤离人员总数的条件约束下,求资源耗费最小的计划。

人员撤离优化算法采用线性规划中的单纯形法,以实现合理的人员撤离方式。若一个凸集仅包含有限个极点,则称此凸集为单纯形。线性规划的可行域是单纯形,进而线性规划的基可行解又与线性规划问题可行域的极点一一对应,线性规划单纯形法就是基于线性规划可行域的这样的几何特征设计产生的。这个方法最初是在 20 世纪 40 年代由 George Dantzig 研究出来的。这个线性规划单纯形解法的基本思路是:先求得一个初始基可行解,以这个初始基可行解在可行域中对应的极点为出发点,根据最优准则判断这个基可行解是否是最优解,如果不是转换到相邻的一个极点,即得到一个新的基可行解,并使目标函数值下降,这样重复进行有限次后,可找到最优解或判断问题无最优解。

由于线性规划的单纯形法只能直接求解最大值问题,而人员撤离算法中需要计算撤离的最小资源耗费,需要对此算法进行相应的改进。

求解最小值 Min(x)问题可以转化为求解——Max(x),最后再将求解结果取反,得到最小值,而求解的未知值不发生变化。在转化为——Max(x)时,由于此问题的所有系数都为正值,如果直接求解也无法得到最优解,需要使用线性规划的转化算法,最终将式中所有的负系数转化为正系数,以利于求解。

根据实际情况分析可得需求解的方程式为:

$$\text{Min}(x_1, x_2, x_3, \cdots\cdots) = a_1 * x_1 + a_2 * x_2 + a_3 * x_3 + \cdots\cdots \qquad (\text{式} 1)$$

(其中 $x_1, x_2, x_3, \cdots\cdots$ 为每个安置点的实际安置人数;$a_1, a_2, a_3 \cdots\cdots$ 为到达每个撤离点的花费)

将(式 1)转化为求解最大值的函数为:

$$\text{Max}(x_1, x_2, x_3, \cdots\cdots) = -a_1 * x_1 - a_2 * x_2 - a_3 * x_3 - \cdots\cdots \qquad (\text{式} 2)$$

在此求解结果的基础上,只要将最终结果取反就可得到最小值。

利用线性规划的转化算法可将(式 2)等价转化为:

$$\text{Max}(x_1', x_2', x_3', \cdots\cdots) = a_1 * x_1' + a_2 * x_2' + a_3 * x_3' + \cdots\cdots$$
$$- (a_1 * b_1 + a_2 * b_2 + a_3 * b_3 + \cdots\cdots)$$
$$(\text{式} 3)$$

其中:

$$x_1' = b_1 - x_1, \ x_2' = b_2 - x_2, \ x_3' = b_3 - x_3, \cdots\cdots \qquad (\text{式} 4)$$

（b_1，b_2，b_3 为每个安置点的最大容量）

（式 3）即为最终可利用单纯形法求解的最大值方程式模型，在求解所得 x_1'，x_2'，x_3'……以后，可以通过（式 4），将每个撤离点的实际撤离人数 x_1，x_2，x_3……求出，使问题得以最终的解决。

根据以上的分析过程可以得到此问题的数学模型为：

$$\text{Max}(x_1',x_2',x_3',\cdots\cdots) = a_1 * x_1' + a_2 * x_2' + a_3 * x_3' + \cdots\cdots + an * xn'$$
$$- (a_1 * b_1 + a_2 * b_2 + a_3 * b_3 + \cdots\cdots an * bn)$$

S. t. ：

$$X_1' <= b_1;$$
$$X_2' <= b_2;$$
$$X_3' <= b_3;$$
$$\cdots\cdots$$
$$Xn' <= bn;$$
$$X_1' + x_2' + x_3' + \cdots\cdots + xn' = b_1 + b_2 + b_3 + \cdots\cdots + bn - c;$$
$$Xi' >= 0(i = 0,1,2\cdots\cdots,n);$$

其中：xi' 为每个安置点的实际安置人数的转化值，a_i 为到每个安置点的耗费情况，b_i 为每个安置点的最大容量，c 为需要撤离的实际人数。

8.3.2 最短路径算法在城市风暴潮灾害防治对策系统中的应用

Dijkstra 算法提出了按路径长度的非递减次序逐一产生最短路径的算法：首先求得长度最短的一条路径，再求得长度次短的一条路径，依次类推，直到源点到其他所有结点之间的最短路径都已求得为止。

在风暴潮系统中，受灾区域的人员需要同时迅速撤离到多个安置点，而 Dijkstra 算法只方便用于求解单挑最短路径，因此基于 Dijkstra 算法做以下改进：① 求出受灾区域到各个安置点的最短路径；② 受灾人员多目标撤离。

1. 使用 Dijkstra 算法求出最短路径

例：如图 8-18，一受灾学校 V_1 附近有 5 个结点 V_2、V_3、V_4、V_5、V_6，其中结点 V_3、V_5、V_6 是安置点。现计算 V_0 到 3 个安置点的最短路径。

按照 Dijkstra 算法的步骤计算最短路径如下：

步骤一：设 V1 为源点，则 S ＝ ｛V_1｝。可知：

最短的那条最短路径是 3 条边：〈V1，

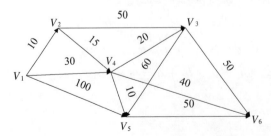

图 8-18　受灾学校到各安置点的路线图

V_2)，〈V_1，V_4〉，〈V_1，V_5〉中权值最小的边〈V_1，V_2〉。所以第一条最短路径应为(V_1，V_2)，即是源点 V_1 到结点 V_2 的最短路径，其长度为 10。

步骤二：将结点 V_2 加入到 S 中，得 S＝{V_1，V_2}。

在 V_2 连通的两条边〈V_2，V_3〉，〈V_2，V_4〉中取得权值最小的边〈V_1，V_4〉，则最短路径为(V_2，V_4)根据式(1—3)，对当前最短路径进行修正：d[4]＝min{d[4]，d[2]＋w(2,4)}＝min{30,10＋15}＝25

即源点 V_1 到结点 V_4 的最短路径是(V_1，V_2，V_4)，其长度为 25。

步骤三：将结点 V_4 加入到 S 中，得 S＝{V_1，V_2，V_4}，求下一条最短路径。

从 V_4 出发的边：〈V_4，V_3〉和〈V_4，V_6〉中，最短的为〈V_4，V_3〉，则最短路径为(V_4，V_3)。

根据式(1—3)，对当前最短路径进行修正：

$$d[3]＝min\{d[2]＋w(2,3)，d[2]＋w(2,4)＋w(4,3)\}$$
$$＝min\{10＋50，10＋15＋20\}＝45$$

即源点 V_1 到结点 V_3 的最短路径是(V_1，V_2，V_4，V_3)，其长度为 45。

同理，可求得：源点 V_1 到结点 V_5 的最短路径是(V_1，V_2，V_4，V_5)，其长度为 35；源点 V_1 到结点 V_6 的最短路径是(V_1，V_2，V_4，V_6)，其长度为 65。

2. 结合受灾和安置点情况对算法的改进方法

根据受灾的实际情况，包括受灾点需撤离的人数、受灾点到各个安置点的最短路径长度以及各个安置点的容量（即最大可容纳人数），需要对 Dijkstra 算法作以下改进：

(1) 在人员撤离过程中，可能需要撤离到多个安置点。所以将受灾点到各个安置点的最短路径长度按降序排列。

根据以上例子求出的结果，将受灾点到各个安置点的最短路径按路径长度降序排列，如表 8－3 所示。

表 8－3　受灾点到各安置点的最短路径

受灾点	安置点	最短路径	最短路径长度（降序排列）
V_1	V_5	(V_1，V_2，V_4，V_5)	35
	V_3	(V_1，V_2，V_4，V_3)	45
	V_6	(V_1，V_2，V_4，V_6)	65

(2) 人员优先撤离到路径长度最短的安置点，再撤离到次短的安置点，直到需撤离人员全部安置完。

每个安置点都有容量，撤离的过程中还要结合安置点的容量进行安排。

最终的受灾人员安置情况如表 8－4 所示：

表 8-4　根据安置点容量最终选择的最优路径

受灾点	受灾人数(万)	安置点	最短路径长度	安置点容量(万)	实际安置人数(万)
V_1	9.1	V_5	35	5	5
		V_3	45	3.4	3.4
		V_6	65	2	0.7

（3）Dijkstra 改进算法的仿真。对改进的 Dijkstra 算法进行仿真,并将仿真结果与 Dijkstra 算法作比较。

算法仿真是在 MATLAB 2009 环境中实现的。最后的结果如下:

在仿真过程中,假设结点 1 为受灾点,结点 3、结点 5 和结点 6 为安置点。因为在实际交通中,路径都是双向可通的,所以以下仿真是建立在无向图的基础上的。

3. Dijkstra 求解最短路径的仿真见图 8-19 所示

如图 8-19 中黑色加粗的路径所示,是对 Dijkstra 算法求解最短路径过程进行的仿真,该算法每次只能求解到单目标的最短路径。

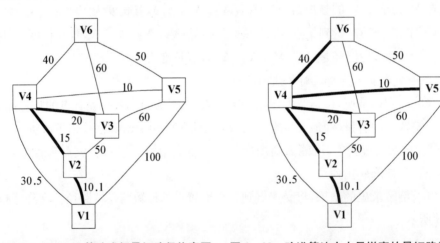

图 8-19　Dijkstra 算法求解最短路径仿真图　　图 8-20　改进算法中人员撤离的最短路径仿真图

4. 撤离过程的仿真

图 8-20 中,结点 1、结点 2 和结点 4 之间的黑色粗线是到达三个安置点都需要经过的路径。

根据最优路径的长短,优先选择将人员撤离到安置点 5(如图 8-20 加粗黑色路线 V_1—V_2—V_4—V_5所示);再选择次短的路径,将人员撤离到安置点 3(如图 8-20 加粗黑色路线 V_1—V_2—V_4—V_3所示);最后,将人员撤离到安置点 6(如图 8-20 加粗黑色路线 V_1—V_2—V_4—V_6所示)。

仿真结果显示,改进后的 Dijkstra 算法能同时得到受灾点到多个安置点的最短路径。很明显,改进算法在 Dijkstra 算法的基础上,只需要计算一次,就能同时实现到多目标的最短路径的求解,并能按照受灾人数和安置点的容量选择最优的撤离方案(即同时满足路径最短和人员全部撤离的要求)。

南汇城市风暴潮灾害应急优化决策系统主要实现城市风暴潮人员撤离最短路径的生成,以及救灾物资分配方案和部门应急预案。图 8 - 21,图 8 - 22(可参见附录彩页)为人员撤离路径生成功能实现界面。

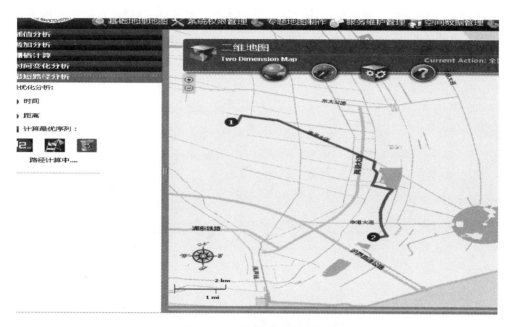

图 8 - 21　人员撤离最短路径分析

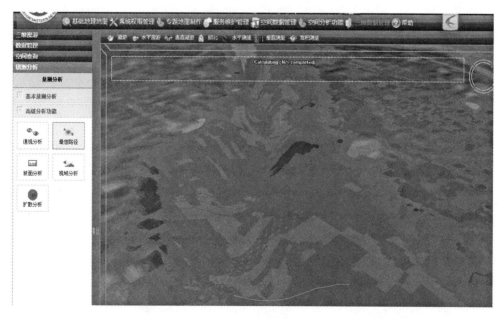

图 8 - 22　三维最短路径分析

结论

　　本章通过温州厦门风暴潮灾害辅助决策系统及上海南汇风暴潮辅助决策系统两个实际项目,介绍了水动力模型在风暴潮灾害预报中的应用,风暴潮灾害淹没等级评级模型的实现,以及风暴潮灾害中撤离路径的计算模型和实现。可见,信息技术在防灾减灾工作中起着极其重要的作用。

第9章 海洋信息技术在海域
管理中的应用

在海洋经济日益发展的今天,海域使用管理的信息化和数字化变得日益重要。诸多相关部门开展了海域使用综合管理、海底综合管线管理、海域功能区划以及海岛信息管理等方面的信息化建设工作。

在过去相当长的一段时间,依靠传统方式"人工活地图"来管理海洋海域使用,发挥了一定的作用,但是随着科学技术的发展和城市建设速度的加快,此种方式已经远不能适应建设形势发展的要求,为了满足海洋发展的需要,必须建立海域使用信息管理系统。海域管理类的信息化建设工作主要是充分利用数字化信息处理技术和网络通信技术,将海洋的各种海域使用信息资源进行数据融合,提高信息综合应用潜力。

本章针对典型的海域管理系统以及基于移动端的海域执法系统,介绍系统的主要功能及设计方法,并对若干关键技术展开说明。

9.1 海域综合管理系统的设计与实现

9.1.1 系统总体框架

本节介绍基于面向服务架构(SOA)的海域综合管理系统的总体框架。整个系统通过若干基础设施(例如系统集成平台、数据中心、GIS平台、服务总线以及数据总线等)有机结合,组成一个面向服务架构的海域综合管理平台。

系统结构图如图9-1所示。以海域使用综合信息系统为例,从逻辑上看共分为两部分,一部分是位于应用逻辑层的后台服务模块,一部分是位于表现层的前端展示构件。此外,还包括公共的服务总线、数据总线、前端集成框架、数据中心以及GIS平台等。

整体系统分为表现层、应用逻辑层、GIS支撑层和数据层四部分。其中GIS支撑层和数据层是每个应用系统都需要的共性功能,由GIS平台和数据中心统一实现并提供服务。在表现层,例如地图显示和总体界面等表现层的共性部分由前端集成框架实现,可以在各个应用系统中复用。在海域管理综合系统中,所有的服务和数据的交互均通过服务总线和数据总线完成,所有的应用程序可以方便地同系统基础服务和其他应用系统提供的服务交互。

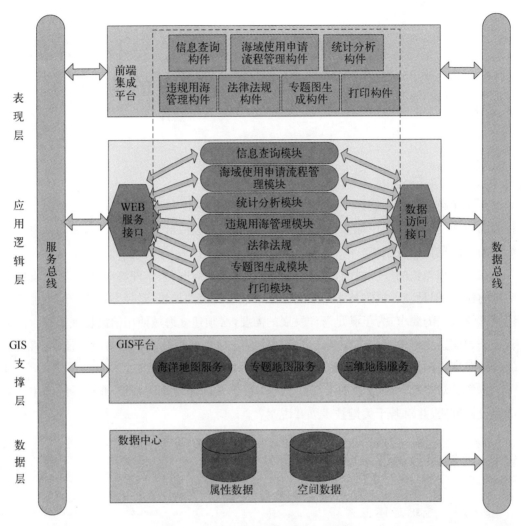

图 9‑1　海域管理综合系统体系结构

9.1.2　海域综合管理系统的主要功能

本章介绍的海域综合管理系统主要包括四类主要功能：海域使用管理、海洋功能区划、海域使用动态监测和海底综合管线管理，本节主要介绍海域使用管理和海底综合管线管理功能。

1. 海域使用管理

海域使用管理包含基本的海域使用管理功能，以及基于基本海域管理信息之上的专题服务、查询服务和宗海编辑功能。

（1）基本的海域使用管理功能：包括海域使用信息查询、海域申请与管理、海域使用单位资质管理、违规用海信息管理以及用海情况统计等。

海域使用信息查询。使用人员通过调用 GIS 平台提供的属性查询、空间查询属性的双向查询功能,实现海域使用的双向查询。

海域申请与管理。相关单位可以通过海域申请功能,基于相关的公益性或者经营性项目申请海域的使用权;有关部门可以利用海域管理功能,受理审核海域使用申请。该功能主要由后台服务和前台界面组成,后台服务接入服务总线,前台界面集成入前端集成平台,两者有机结合,组成应用模块。

海域使用单位资质管理。管理部门可以利用海域使用单位资质管理功能,对海域使用资质单位的信息进行管理,包括单位名称、法定代表人、固定工作场所、邮编、录入日期等信息,可以新增或注销相关单位资质信息。

违规用海信息管理。使用人员可以利用违规用海信息管理功能按不同时间和区域查看违规用海信息,包括违规用海名称、违规人姓名、违规用海面积、违规处理方式等。其中,海域相关法律法规管理功能可以对海域使用相关的所有法律法规信息进行管理,用户可以方便地浏览和完成各种操作。系统还提供了根据用海信息自动生成宗海图的功能,该功能通过数据中心,GIS平台服务的协作加上前端集成平台的展现实现,其中所有数据经过数据总线服务总线流转。

用海情况统计。通过对历年来海域使用数据的统计分析,为用户提供直观的图表,表现海域使用的情况。其中,包括各类用海面积分布统计、多年用海总面积比较、年度用海面积分布统计等信息。

(2) 专题服务:是目录服务的扩展模块,主要负责对注册中心的服务根据服务的归属或性质进行分组管理,方便用户在系统中进行调用,服务分组的创建只能由管理员来进行操作,用户可以将自己的服务归类到对应的分组中,管理员有权限审核及更改服务的分组。为了展示注册中心的服务,系统专门开放了一个 Widget 组件,来实现目录服务里注册的专题服务在 Flex 上的服务加载展示,以树状结构菜单的形式直观地展示各个专题分组下有哪些地图服务、影像数据源等,还可以快速地将感兴趣的服务叠加到地图上,这样结合服务的文字信息描述与地图叠加图形显示,可以为用户提供更为直观的展示,从而帮助用户判断调用哪个服务可以满足其需求,更加提高系统的实用性。打开菜单数据管理,选择专题服务,开启专题服务窗口。

(3) 查询服务:系统为用户提供了针对整个服务的地图查询,此查询可以实现对多个图层的同时查询。系统根据 MapServer 的 URL 地址,自动解析获取出该服务的所有图层列表,用户可以在图层列表中选择感兴趣的目标图层集,也可以选择全部图层,还可以设定查询的目标字段集(如果不设定,则视为全字段检索),系统将以用户输入的关键词去该地图服务中去检索符合条件的要素集,查询返回的结果集将在结果集面板中以表格的形式罗列出来,并注明每个记录所在的图层名、字段名及字段数值(还可以进行排序查看),同时在地图窗口上显示出这些要素的分布图,实现快速定位及查看属性信息。针对整个服务的地图查询,系统也给用户预留了自主参与的灵活性,用户也只需将自己现有的 MapServer 地图服务的 URL 地址添加到系统中,即可实现对该服务的所有数据,进行多图层多字段的检索操作。这样在系统中不仅仅实现了在展示层面上的地图服务的单纯叠加效果显示,还扩展了其在数据层面上的数据灵活检索功能,从而在系统中达到了地图服务的更深层次融入。

(4) 宗海编辑:系统严格按照点、线、面要素性质及宗海用途等信息设计宗海数据模型,建立后台 SDE 数据库,将宗海数据独立分层管理,主要分为"宗海界址点"、"宗海界址图"、"宗海码头"、"宗海港池"、"宗海位置图"这五大图层,并且通过在线编辑后的数据将提交保存到后台 SDE 数据库中。宗海编辑实现了分图层编辑、分图层节点捕捉、捕捉度设置、插入、删除、图形编辑、增加节点、删除节点、修改节点、修改属性、恢复、提交保存等复杂的在线编辑的功能,并且为了保证数据编辑的并发性,系统还将自动把正在选中编辑的图形要素进行操作锁定,这样一来其他用户便无法同时对该选中要素进行再次编辑,可以有效地防止多个用户同时编辑保存同一个图形要素时发生的数据二义性。宗海数据的管理员用户根据宗海的用途性质不同,可以绘制多个宗海图内部单元,只要保证该宗海的唯一代码一致性,系统即自动将这些数据视为同一块宗海数据,当在在线生成宗海位置图及宗海界址图时,系统便作为一个宗海数据来处理输出。

2. 海底综合管线管理

实现对海底管线的显示查询、统计分析、报表输出、专题制图和数据维护,并能从许可受理子系统获得动态信息,为海底管线规划建设、管理和进一步评估提供管理决策依据。

(1) 海底管线显示查询。实现对海底管线及相关设施的二维与三维可视化查询功能,可以提供列表查询、空间选择查询、拓扑关联查询、快速查询和综合条件查询等多种查询方式,查询结果以列表和地图两种方式显示。查询的内容主要包括:电缆查询、管道查询和光缆查询。

(2) 海底管线统计与报表。实现根据数据库进行海底管线数据的各项统计,包括过滤统计对象、选择统计内容和确定统计方法,系统提供单项统计、二维交叉统计、分级统计和一般统计四种灵活强大的统计方法。并用以二维或三维多种统计图方式表现统计结果,且可进行输出设置;还可以进行统计表格输出。

9.2 基于移动端的海域执法系统的设计与关键技术

海监执法队伍的主要职能是依照有关法律和规定,对国家管辖海域(包括海岸带)实施巡航监视,查处违法违规行为,并根据委托或授权进行其他海上执法工作。目前海监现场执法多使用专业协作,这类专业 GPS 存在携带笨重、集成度不高等问题,如果遇到恶劣天气更是给执法工作带来了极大的不便。

本节主要介绍基于移动端的海域执法系统的设计与实现,系统为海监执法提供了便利。系统综合运用了 3S、数据库、多媒体等多种先进技术,通过软硬件集成开发,具备了地图浏览、语音查询、拍照取证、空间查询、图层控制、法律法规查询等多项功能。系统将电子地图、多源数据以及摄像等设备加以集成,方便了执法人员的工作。此外系统还整合了监测海域的基础地理信息、海洋功能区划、海洋基础资料、海域使用法律法规以及倾废区、排污口、海洋工程、养殖用海等专题管理信息,使用者对各类用海项目信息进行管理操作。从海监执法人员的角度考虑,此系统有助于执法人员全面掌握工作动态,从而为现场执法的分析比对和综合评定提供参考依据。

9.2.1　系统总体框架

基于移动平台的海监执法信息系统的体系架构图如图 9-2 所示:

如图 9-2 所示,系统最底层包括一个关系型数据库,系统选用 Mysql 数据库。Mysql 应用产品较多为开源的,且在互联网行业解决方案比较成熟。

左下侧的空间数据部分包括 Shape files 和 MXD 所组成的空间信息。Shape files 存放的是比较成熟的所有空间数据信息,MXD 存储的则是空间符号化的数据。

再上一层是后台服务和 ArcGIS 空间服务。后台服务用于和关系数据库互传信息,用 Ruby On Rails 实现,其提供了整个前端所要用到的业务逻辑包括查询、搜索及详细信息展示等。而对于 ArcGIS 空间服务,使用了 ArcGIS Server10。这是整个软件空间信息的核心。它读取空间数据并把这些数据发布成一个地图服务,这个地图服务包括地图的展示和空间分析接口。

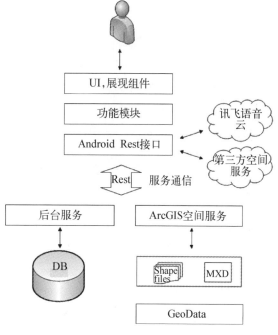

图 9-2　系统总体框架

通信协议使用的是 Rest 架构,这种架构目前在互联网上使用较多,是前几年互联网的制定者提出的一个概念,其基于 HTTP 协议通过四种常规操作信号以及 URL 来完成对资源的操作。这种接口对比原来较为复杂的 Web Service 接口有以下几点好处:首先,其实现较为简单;其次,这种接口是开放的,任何一个浏览器或客户端都可以访问它,现在互联网上常见的一些微博都是基于 Rest 接口服务的。

9.2.2　基于移动端的海域执法系统的关键技术

系统的关键技术包括:基于位置的移动地图服务、基于 Arctools 的空间数据处理技术、基于 REST 架构的服务接口设计以及 ArcGIS API for Android。

1. 基于位置的移动地图服务

移动地图服务是利用移动通信技术而开发的可在智能手持设备上访问的地图服务。中心服务系统应用服务式 GIS 技术以标准格式发布地图服务,智能手持设备通过本地安装的移动终端系统,获取后台中心的地图服务。平台采用移动地图服务,保证各移动终端在网络可用的情况下,随时获取中心发布的最新地图(中心服务系统发布的地图,根据每次任务不同而调整,因此终端根据任务需要决定是否做本地地图更新)。

基于位置的移动地图服务,支持终端的地图服务外,还实时获取终端的位置信息,并回传至后台中心,中心根据每个终端的位置以及所申请的定制服务要求,向移动终端以推送的方式提供相应的移动信息服务。

2. 基于 Arctools 的空间数据处理技术

系统的宗海空间和属性数据原始格式分别为 AutoCAD 格式和 excel 格式。其中 AutoCAD 图有约 3 000 幅。考虑到逐一手动转换为 ShapeFile 格式工作量巨大,且容易产生操作失误,故充分利用 ArcGIS Toolbox 的强大功能,为 AutoCAD 向 ShapeFile 转换制作特定的转换工具。

ArcToolBox 包含了 ArcGIS 地理处理的大部分分析工具和数据管理工具。同时提供了查找工具的方法和详尽的帮助系统,方便集成需要的工具和使用方法。前期将原始的 AutoCAD 格式数据通过"CAD to Feature Class"工具将空间数据转换为 GIS 可操作的要素类,后期通过"Define Projection"和"Project"工具确定坐标系。该工具具有批处理功能,转换 3 000 多个 AutoCAD 图仅需几分钟。

3. 基于 REST 架构的服务接口设计

系统通信协议使用的是 Rest 架构,这种架构目前在互联网上使用较多,是前几年互联网的制定者提出的一个概念。其基于 HTTP 协议通过四种常规操作信号以及 URL 来完成对资源的操作。这种接口对比原来较为复杂的 Web Service 接口有以下几点好处:首先,其实现较为简单;其次,REST 为开放接口,任意浏览器或客户端都可访问;再次,Rest 允许对客户端功能进行扩展,便于添加新服务、拓展新模块。以 REST 架构的概念来说,所有能够被抽象成资源的对象都可以被指定为一个 URL。正是由于这一点,极大地简化了 Web 开发,也使得 URL 可以被设计成更为直观地反映资源的结构,这种 URL 的设计被称作 RESTful 的 URL。在该系统中,数据库中通过不同方式获取的各种资源被指定为不同的 URL,开发人员所需要做的工作就是根据当前模块的需求,确定 URL 中的参数,即可获得数据库信息。

4. ArcGIS API for Android

系统手持移动终端采用基于 Android 平台的 ArcGIS API for Android 组件进行开发。Android 是基于 Linux 的开源手机平台;由操作系统、中间件、用户界面和应用软件四部分组成,是首个为移动终端打造的真正开放和完整地移动软件平台。ArcGIS API for Android 是 ESRI 公司开发的在 Android 平台下为 GIS 开发者提供的软件开发包,通过接口可以实现显示并导航地图、查找地址点、采集 GIS 数据等功能,可以最大限度地满足本系统的开发要求。基于以上思路,手持移动端基于 Android 平台利用 ArcGIS API 进行开发;接收终端采用 Eclipse 平台利用 ArcGIS Engine 组件开发;Web 服务器端利用 ArcGIS Server 发布地图和相关服务,以供手持移动端调用。

结论

本章针对海洋信息技术的重要应用领域海域管理展开介绍,对海域综合管理系统和移动端的海域执法系统的总体框架、主要功能以及关键技术做了详细说明。海域管理类的信息化系统是整合海域使用信息资源、融合海域使用数据的重要工具,为相关部门提供了有效信息化支持。

第 10 章　海洋信息技术在极地科考中的应用

　　雪龙号科学考察船在航行过程中，船载传感器及拖曳式仪器设备实时进行数据采集和数据传输，其中 GPS 位置信息、时间数据是所有采集数据的重中之重。GPS 位置信息是记录考察船空间位置的主要参数，时间数据是记录考察船其他数据在时间维度上的重要参数，二者缺一不可。正确的航线数据是记录船只历史航行中的轨迹，存在问题的航线数据会给人带来不可想象的灾难，小到船只航迹的错误展示，大到错误的预估船只位置、重大决策的错误制定，以及在研究历史航迹中错误的不断传递等。因此，需要针对性的数据处理技术来应对该问题。目前，在数据清洗及数据筛选方面，国内外已经有了大量的研究及相关软件技术，但针对性不强。数字海洋研究所针对 iOS 移动端的考察船航线数据处理要求进行了相关研究。

　　本章首先介绍了极地科考监测系统的整体框架，然后针对其中航迹展示部分的研究方法和实现进行了重点讨论，介绍了面向移动端的海量航线数据筛选策略和考察船航线数据插值拟合方法，有效地解决了航线数据的清洗问题，以及航线展示中转向点的锯齿和失真等问题。

10.1　极地科考监控系统框架设计

　　系统物理架构分为：考察船传感器等数据采集设备、考察船数据存储服务器、数据同步传输服务、国内数据服务、iOS 平台下的考察船监控系统。

　　从空间分布上，系统分为国内服务器端和移动端两个部分，雪龙号设备端及数据通信网络由雪龙在线网络信息平台支持。国内服务器端实现数据接收、数据存储、Web 服务发布等；移动端是 iOS 平台下考察船监控系统实现雪龙相关实时数据的获取和信息展示。国内服务器通过同步考察船航行状态的科研相关公用数据来获取数据，其中包括罗经、测深、机舱、GPS、表层海水、气象、计程等分类数据，采用 Oracle11g 数据库存储回传的抽样数据，其中在各个数据表中都包含时间、经度、纬度等信息数据，同时在搭建了 Web Service 数据服务，为 Web 系统平台和 iOS 移动平台提供可调用的 API 和数据支持。

　　iOS 平台下的考察船监控系统，采用客户端/服务器的模式，由考察船监控系统向 Web Service 服务器发送数据服务请求，Web Service 服务器对考察船监控系统的请求做出相应。客户/服务器交互模型如图 10 - 1 所示。同时,对雪龙号考察船实时船载传感器数据信息资源分析、挖掘处理,整合应用相关科考平台数据,在移动设备上为社会公众和相关工作人员提供基于地理位置服务的个性化的雪龙号状态信息服务。

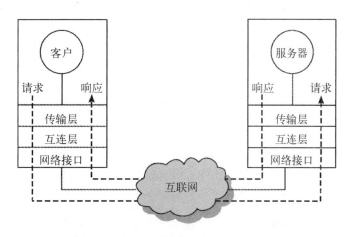

图 10 - 1　客户端/服务器交互模型(Client / Server interaction model)

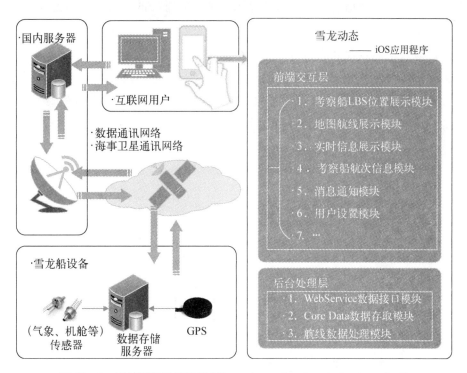

图 10 - 2　系统网络及结构图(The system network and structure chart)

iOS 平台下的考察船监控系统使用 Objective - C 语言,在 XCode 中开发,遵照 iOS 四层结构和框架,使用基于 XML 的数据传输技术,通过 SOAP 通信标准访问 Web 服务,简单而灵活的发送数据、接收数据,并使用数据持久化存储 Core Data 数据库实现数据存取,同时通过学习敏捷思想开发,参考 iOS 平台客户端应用开发规范设计,实现了展示考察船位置、航次信息、航线中重点城市信息、实时航速和航向等功能。从数据获取和处理,到数据展示和交互,将系统分为前端交互层和后台处理层,前端交互层包含考察船 LBS 位置展示模块、地图航线展示模块、实时信息展示模块、考察船航次信息模块、消息通知模块、设置模块等,后台处理层包括 Web Service 数据接口模块、Core Data 智能数据存取模块、航线数据处理模块等。如图 10-2 所示。

10.2 航线数据筛选技术及功能实现

随着科技的进步,考察船数据采集设备逐渐增多,其中的传感器性能及数据采集精度不断提高,且其传感器数据采集频率相应提升,数据库中的数据量也呈直线级增长。面向格式多样化、类型复杂化及数据量海量化的极地数据,移动终端设备的软硬件处理能力受到限制,现有的处理技术无法直接应用于移动终端的海量数据处理。因此,可通过数据筛选算法的研究,解决移动端软硬件处理能力有限和数据更新速率快、类型复杂的矛盾,通过海量复杂类型采集数据的筛选在保证显示精度的同时降低移动终端的处理压力,提高数据显示的时效性。

针对移动端的特点及 iOS 平台下考察船监控系统航线展示需求,本节介绍三种筛选方法,即 Steering-P 夹角 α 筛选法、特征点选取法、Time-D 间隔筛选法,它们分别是筛选出重要夹角的拐点、特殊特征点和时间均匀距离限制点,使用不同的筛选约束,不存在包含关系,在同时使用中有相互补充的作用。

10.2.1 Steering-P 夹角 α 筛选法

Steering-P 夹角 α 筛选法,对(已按时间排序)相邻三条数据中经纬度组成的三个坐标连线,计算两条线段所组成夹角的角度 α,当角度 (180°−α) 接近于 0°时,可认为三点组成的航迹在一条直线上;否则,可认为中间点是重要的拐点,添加在地图上(起点、终点已添加入地图)。

通过该方法筛选出关键拐点,绘制出的航迹与实际航线的近似程度与设定的角度系数相关。其优缺点是:角度系数与 180°差值越小,筛选出的拐点越多,航线越精确,但处理后的拐点较多,筛选效果降差;角度系数与 180°差值越大,筛选出的拐点越少,但绘制的航线越粗糙。适当的角度系数与地图的缩放比例相关,α 的确定,将有助于移动端更好的展示航线。

该方法使用向量夹角余弦公式和反余弦来计算夹角角度 α,假定三角形的三个顶点为 A、B 和 C,其三条边为 AB、BC 和 AC,则向量 AB 和向量 AC 夹角余弦表达式如以下公式所示。

$$\cos A = \langle AB , AC \rangle / (\mid AB \mid\mid AC \mid) \qquad (9-1)$$

为了解航线中该夹角值的大小及分布情况,以 MISSION6 航线数据为例,计算出角度在[0,180]区间的实验数据分布曲线,如图 10-3 所示,X 轴为航线点在时间上的排序的序列序号,Y 轴为相邻三点的中点处夹角度数 α,$\alpha \in [0,180]$。

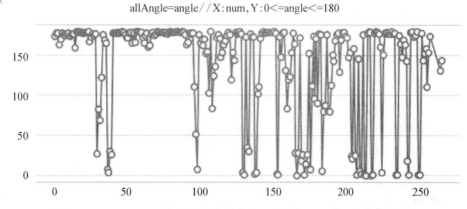

图 10-3　MISSION6 中位置点连线夹角 α 值在[0,180]区间的曲线图

在 MISSION6 中,计算出角度 α 在区间(175,180]时的实验数据,如图 10-4 所示。

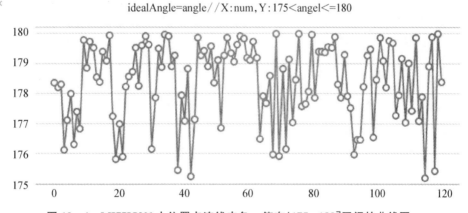

图 10-4　MISSION6 中位置点连线夹角 α 值在(175,180]区间的曲线图

为更详细地对夹角值各区间值比例进一步分析,对 MISSION6 航线数据中夹角 α 值在[160,180]区间的子区间数量及比例进行了统计,如表 10-1 所示。

表 10-1　MISSION6 中位置点连线夹角 α 值在多区间的数量比例表

Classification	[0, 180]	(177, 180]	(175, 177]	(170, 175]	(160, 170]	(150, 160]
Total	265	100	20	25	22	14
Percentage	100%	37.73%	7.55%	9.43%	8.31%	5.28%

通过表 10-1 中的数据展示,显示出在 MISSION6 航线数据中,相邻点构成的夹角 α

值在(177,180]区间占总航线数据的三分之一以上,在(175,177]区间占 7.55%,则在(175,180]区间占总数据的 45.28%。将(175,180]区间的数据筛选掉,MISSION6 航线数据总量将优化 45.28%,若区间继续调大,筛选效果又将继续提高,但根据实际展示中,该区间的划定跟地图缩放比例相关,所以适当调整区间,将大大降低传输的数据量,而又不影响重要拐角的数据。

继续对其他 30 条航线实验数据进行计算研究,并对重点区间下的夹角值个数统计,其统计信息表如表 10 - 2 所示。

表 10 - 2 31 条航线实验数据夹角值各区间数量信息表格

MissionID	TotalPoint	(175，180]	(150,175]	(90，150]	[0，90]
1	961	239	50	122	548
3	756	150	83	22	499
5	402	65	73	43	219
6	267	120	61	28	56
7	315	57	69	35	152
8	313	59	83	43	126
9	398	124	80	65	127
11	282	73	22	51	134
12	248	83	9	43	111
13	493	86	58	83	264
14	515	152	38	78	245
15	550	125	61	85	277
16	611	172	113	43	281
18	338	88	71	26	151
19	329	94	86	23	124
21	898	210	140	85	461
22	850	108	105	89	546
24	711	232	169	97	211
25	97	30	27	11	27
26	8 733	4 707	1 388	960	1 676
27	6 940	2 701	1 138	913	2 186
28	7 694	3 802	1 302	866	1 722
29	402 396	115 924	14 254	6 536	266 310
31	278	60	79	66	71

（续表）

MissionID	TotalPoint	(175，180]	(150，175]	(90，150]	[0，90]
32	195	62	39	28	64
34	3 787	2 469	674	256	388
35	18 316	7 143	2 640	3 357	5 174
36	6 665	3 183	1 097	736	1 647
38	5 271	3 415	794	277	783
39	26 570	15 306	4 598	2 258	4 406

计算历次航线中夹角值在(175，180]区间的百分比，如图 10 - 5 所示。

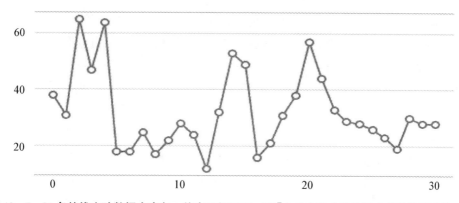

图 10 - 5　31 条航线实验数据中夹角 α 值在区间(175，180]中的个数占该航线点总数的百分比

在不同航线实验数据中，夹角 α 值在区间(175，180]中的个数占该航线点总数的百分比呈现不规则连线，有 96.77％的 MISSION 航线数据在区间(175，180]的夹角 α 值所占比例在 10％以上，有 80.65％的 MISSION 航线数据在区间(175，180]的夹角 α 值所占比例在 20％以上，有 22.58％的 MISSION 航线数据在区间(175，180]的夹角 α 值所占比例在 40％以上。

综上所述，通过 Steering - P 夹角筛选法，有效筛选出重要拐点的同时，极大地减少数据量，降低了数据传输方面的压力，对移动端数据展示提供了良好的基础。

10.2.2　特征点选取法

特征点选取法，指根据在实际航行中的具有代表性的特征点进行选取。比如整点特征点、港口(码头)特征点、数据极点特征点、特殊特征点等。

整点特征点，例如传感器在时间 0 点、3 点、6 点等同时间隔整点时采集的数据位置点。

港口(码头)特征点,如中国极地研究中心上海码头、澳大利亚的弗里曼特尔港口、澳大利亚霍巴特港等位置点。

数据极点特征点,如经过的赤道点、最深海洋点、气温最高点、水温最高点、风速最高点、船速最高点等位置点。

特殊特征点,如船只上重大意义时间点、突发事件时间点、传感器故障点、传感器故障恢复点、船只起航点、船只停船时间点等位置点。

本筛选方法均可通过数据预处理方法筛选,如整体特征点的筛选条件为时间值约束,港口(码头)特征点通过输入预定地理位置数据筛选,极点特征点通过实时属性数据值比较获取数据极点,特殊特征点通过数据记录出现中断等情况进行筛选。通过本筛选方法,有效的填补了相关特征点数据的筛选。

10.2.3　Time-D间隔筛选法

Time-D间隔筛选法,即时间-距离筛选法,指设定合适的时间间隔为筛选主约束,以距离间隔为辅助约束,使筛选的相邻点间在时间上的筛选点近似均匀化。

当航速为 0 时,在该航速期间的 GPS 数据信息近乎不变,使用时间 T 间隔筛选法不能有效的筛选数据;使用距离 D 间隔为辅助约束,则能筛选出有效的航线展示数据。

当航速以某一数值 V 匀速航行时,若航向不变,使用时间 T 或距离 D 间隔为筛选约束相同,因为在相同时间间隔内的航行距离也相同;若航向发生变化,使用距离 D 间隔约束将不一定合适,如在航向发生的拐点区域处,相邻的多条记录间的距离值均小于距离 D 时,这些重要的拐点将被筛选掉,特别是当船只发生掉头情况时,重要拐点被筛选掉将特别严重。同时考虑船只实际航行状态,即航行中总会出现航向发生改变的情况,当航速为匀速时,使用时间 T 间隔为筛选约束较佳。

当考察船以一定加速度加速或减速航行时,相同时间 T 间隔内航行的距离将不同。若在加速阶段,相同时间段内航行距离越来越大;若在减速阶段,相同时间段内航行距离越来越小。加速或减速期间,时间 T 间隔内航行距离可能大于预设定的适当距离 D 间隔。同时,考虑到船只实际航线状态,加速或减速都在短时间或短程内完成,对时间 T 间隔及距离 D 间隔的设定影响较小(时间 T 为刻钟级别,距离 D 为千米级别)。

综上分析,在考察船航线中,选择时间 T 间隔为主筛选条件,同时辅助使用距离 D 进一步筛选最有效。

10.3　航线数据分析和插值拟合技术及功能实现

由于受船载传感器数据采集、船载数据服务器及数据卫星通信机制等的制约,国内服务器目前采用每 30 分钟同步一次抽样数据,造成航线数据时间粒度粗糙,使绘制出的航线与真实航线存在偏差,分析其与多种因素有关,如航线数据粗细粒度、地图的缩放比例、船只航速、船只转弯、航线数据点总数等。

同时,相比 Web 端的航线展示,在移动端展示航线有以下弱势:

(1) 移动设备屏幕小,展示空间小。

(2) 网络数据传输压力,即数据量大时,网络延迟过大,应用的使用体验差。

(3) 处理器性能相对弱,即不能承载较大的计算量,表现为处理时间长,出现卡顿,用户体验差。

(4) 内存小,即限制存放在内存中数据的大小,导致内存使用紧张,同样造成卡顿,影响使用。

面对如上情况,通过数据筛选,虽然减少了传输的数据量,但面对航线展示,航线数据缩减导致航线绘制的精度降低,容易造成航线锯齿化严重等情况,因此本节介绍航线数据插值思想,分析影响插值的因子,提出插值拟合算法,解决航线锯齿化等问题。在贝塞尔曲线控制点思想及曲线插值拟合的基础上,利用移动端 Shipping-LINE 航线绘制技术,能够在减小数据量,降低负载的情况下,分析研究数据粗细粒度因子 (Data-Granularity-Factor,简称 Data-G-F) 和地图缩放比例因子 (Map-Scaling-Factor,简称 Map-S-F) 的影响,通过有效的插值拟合,解决航线展示中的锯齿严重等问题。

10.3.1　Shipping-LINE 中航线数据的 Data-G-F 和 Map-S-F 分析

考察船航线数据在移动端展示效果与多方面因素相关。其中 Data-G-F 和 Map-S-F 的影响最大。

经实际航线绘制和分析研究发现,筛选点的数据粗细粒度不同、地图缩放比例不同,对航线插值绘制影响各有差异,分析如下。

(1) 同地图缩放比例下,不同筛选点数据粗细粒度。筛选点数据粗细粒度越小,地图上显示筛选点密集度越大,Shipping-LINE 航线绘制技术中拟合的插值点越接近原数据点;筛选点数据粗细粒度越大,地图上显示筛选点密集度越小,Shipping-LINE 航线绘制技术中拟合的插值点越远离原数据点。

(2) 同筛选点数据粗细粒度下,不同地图缩放比例。地图缩放比例越大,地图上显示筛选点密集度越小,Shipping-LINE 航线绘制技术中拟合的插值点越接近原数据点;缩放比例越小,地图上显示筛选点密集度越大,Shipping-LINE 航线绘制技术中拟合的插值点越远离原数据点。

通过以上对两大因素的分析,在实际航线插值绘制中,需要对两大因素进行调控才能更好地进行航线展示。

10.3.2 基于贝塞尔曲线控制点思想的 Shipping－LINE 插值拟合算法

航线数据通过定时同步及数据筛选,在时间和空间上的粗细粒度变粗,在移动端地图上展示过程中,与实际航线轨迹产生偏差,出现明显的不符合实际的"折线痕迹",并对"转折点"处的拐弯不能很好地展现,造成用户视觉上的误导,即在该点考察船进行原地转向。为了有效地解决以上问题,本节介绍基于贝塞尔曲线控制点思想的雪龙航线插值拟合算法,通过在多点间进行插值拟合和有序连接,使绘制航线与实际航线偏差值降低,是数据在时间和空间上的粗细粒度变细,同时有效的展示在航线转弯处的转弯效果。

基于贝塞尔曲线控制点的插值思想如下:

(1)以三次方贝塞尔曲线为例,三次贝塞尔曲线是根据四个位置任意的点坐标绘制出的一条光滑曲线,曲线必定通过其起始点和结束点两个点,称两点为端点,不一定通过中间两点,但可达到控制曲线形状的目的,称该两点为控制点。

(2)通过计算获取有效的控制点,较好的绘制出理想曲线。

(3)已知两个端点及两个端点的定点,将通过控制点确定曲线上的锚点设置为定点,反推相邻的控制点。将该相邻的控制点线段向曲线弯曲方向适当平移,将平移后的控制点作为插值点,插入到曲线必定通过的点集中,连接相邻的定点和端点,组成的形状趋于光滑的曲线。

如图 10－6 所示,A、B、C、D 黑色实心点均为需要经过的点,M_0、M_1、M_2、M_3、M_4 点为相邻 A、B、C、D 等点的中点,a、b、c、d 点为相邻 M_0、M_1、M_2、M_3、M_4 的中点,灰色实心点 1、2、3、4、5、6、7、8 为贝塞尔控制点,k 为伸缩控制点与黑色实心点的距离。

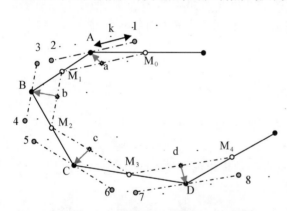

图 10－6　四点画贝塞尔曲线的控制点图

10.3.3 "雪龙号"极地科考航线功能实现

1."雪龙号"极地科考航线插值拟合算法

雪龙航线插值拟合算法,通过增加插值点,达到总体连线与实际航线近似化,实现抗锯齿化等。具体算法步骤如下:

步骤一,记原始点为 P_i,计算出多边形所有边线的中点,记为 $A_i(i=1,2,3,4)$。如图 10-7 所示。

步骤二,对相邻边的中点连线,记中点连线的线段为 C_i。通过相似比 $L_1/L_2 = d_1/d_2$ 方法计算出 B_i 点,如图 10-8 所示。

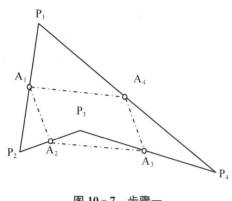

图 10 - 7　步骤一

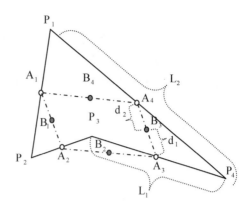

图 10 - 8　步骤二

步骤三,将 C_i 进行平移,平移的路径范围就是每条线段上 B_i 到对应顶点的路径。使用一个与 B_i 和对应顶点 P_i 始距离相关的系数 K_1($0 <= K_1 < 1$),用来沿着 B_iP 线段移动 C_i,C_i 与 B_iP 的交点记为 D_i,平移距离为 $D_iP * K_1$。如图 10 - 9 所示。

记平移后的相邻中点连线线段为 C'_i,线段端点为 A'_{i1} 和 A'_{i2},控制两端点在该线段上向线段交点 D_i 移动,记两个移动端点为 M_{i1} 和 M_{i2}。在移动中,始终保持 $D_iM_{i1}/D_iA'_{i1} = D_iM_{i2}/D_iA'_{i2}$,记该比例值为系数 K_2,使用 K_2 系数下 M_{i1} 和 M_{i2} 作为插值点。插值点离 D_i 越远,D_i 离顶点越远。如图 10 - 10 所示。

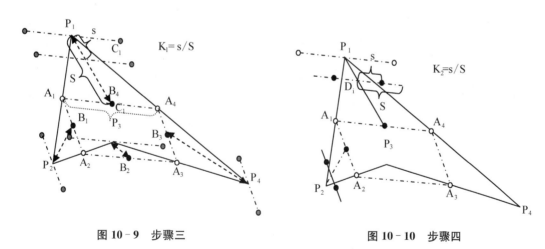

图 10 - 9　步骤三　　　　　　　　　　　　　　图 10 - 10　步骤四

结合上文的 Data - G - F 和 Map - S - F 因子,根据地图实际展示的情况,在 Map - S - F 因子一定的情况下,Data - G - F 因子越大,K_1 值的选取越小,K_2 值的选取越大;在 Data - G - F 因子一定的情况下,Map - S - F 因子越大,K_1 值的选取越大,K_2 值的选取越小。

2. "雪龙号"极地科考航线插值拟合功能实现及数据分析

航线数据展示的 Data - G - F 和 Map - S - F 两大因子变化和算法中的约束参数

K_1、K_2有极大的相关性，发现 Data－G－F 与 K_1 有正相关性，即 Data－G－F 越小或 Map－S－F 越大，则 K_1、K_2 越小；反之，则 K_1、K_2 越大。通过记录航线数据量最大值 G 和最小值 M，计算展示航线数据量 A 在 $[M, G]$ 中的比例值 $K_A = (A-M)/(G-M)$；同时获取地图的最大缩放比例 P 和最小缩放比例 Q，计算实际缩放比例 S 在 $[Q, P]$ 中的比例值 $K_S = (S-Q)/(P-Q)$。最后，在设定约束参数 K_1、K_2 初始值的情况下，使用 $K_1 = K_1 * K_A * K_S$、$K_2 = K_2 * K_A * K_S$ 的方式对 K_1、K_2 处理，进一步调节插值点的位置。

实验在 iOS 平台 iPhone 6 plus 设备上完成，在 MISSION36 航线中，Map－S－F 值相同下，当 Data－G－F 值为 0.5 和 1 时，具体的实验结果对比图如 10－11（可参见附录彩页）所示，其中左侧图是未使用本章算法处理的效果图，右侧图是使用该算法处理后的效果图。

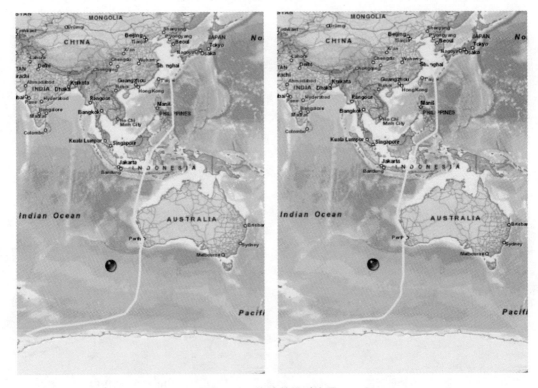

图 10－11　实验效果对比图一

在 MISSION36 航线中，Map－S－F 和 Data－G－F 值相同的条件下，未使用和使用雪龙航线插值拟合算法，其中 K_1 值为 0.1，K_2 值为 0.15，其效果图如图 10－12（可参见附录彩页）所示。

根据以上的实验结果对比图发现，此算法能够根据 Data－G－F 和 Map－S－F 的变化，适应复杂多变的实际使用情况，高效的计算插值，解决实际航线绘制中的不切实际的折线问题，从而有效地在地图中展示真实航迹。

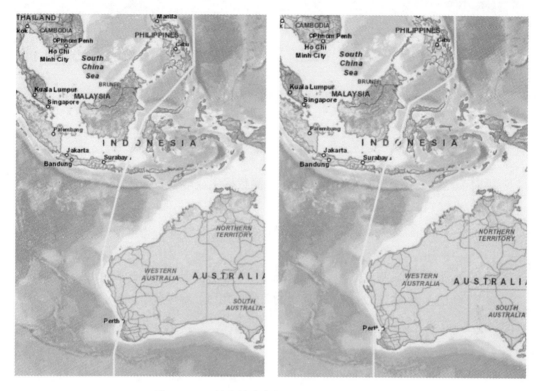

图 10-12　使用约束参数 K_1、K_2 的实验对比图

结论

　　基于 iOS 平台的考察船监控系统，实现了准实时展示雪龙号最新航情、科考数据等多项功能，填补了雪龙在线网络信息平台在移动互联网用户方面的空白。本章对该系统的框架进行了简单介绍，并介绍了该系统中对面向移动端的考察船航线数据的筛选策略和航线展示优化技术。该应用已发布到苹果 App Store 中，为中国第 30 次南极科学考察的顺利进行发挥了积极作用。

参考文献

［1］ 吴向荣,陈宇东,李郅明,等.海洋台站观测数据生成环节及质控分析[J].海洋开发与管理,2014,(4):34-37.

［2］ 蔡树群,张文静,王盛安.海洋环境观测技术研究进展[J].热带海洋学报,2007,26(3):76-81.

［3］ 齐尔麦,张毅,常延年.海床基观测系统[J].中国科技成果,2011,12(24):26-28.

［4］ 庞重光,连喜虎,俞建成.水下滑翔机的海洋应用[J].海洋科学,2014,38(4).

附录（彩页）

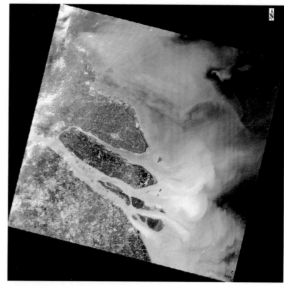

图 2-1　长江口 30 m 分辨率遥感图像（landsat-8）

图 5-7　（航空）正射影像 +DEM

图 5-8　（遥感）正射影像 +DEM

(a)

(b)

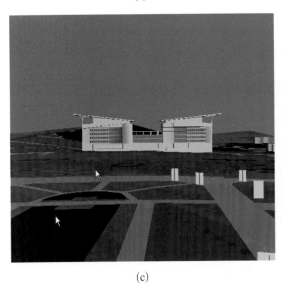

(c)

(d)

图 5-9　三维校园（四帧图像）

图 7-2　激光扫描数据 +IKONOS 影像 + 地面影像城市建模

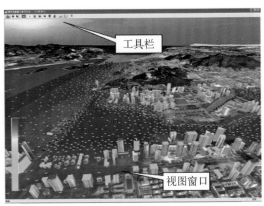

图 7-4　流场 3D 效果图

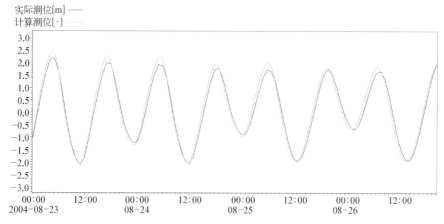

实际潮位[m] ——
计算潮位[-] ——

图 8-3　0418 号台风期间预报潮位和计算潮位比较

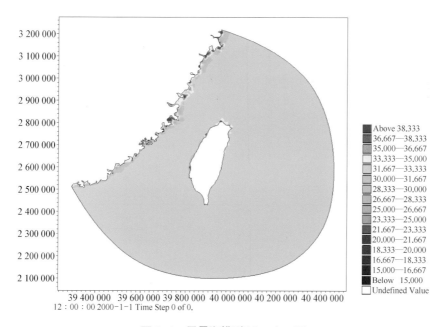

12：00：00 2000-1-1 Time Step 0 of 0.

图 8-4　风暴潮模型 Manning 图

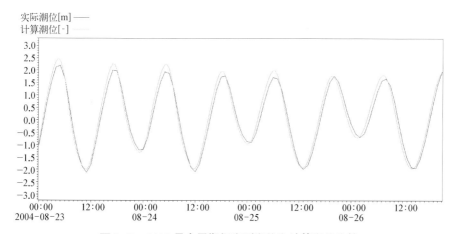

实际潮位[m] ——
计算潮位[-] ——

图 8-5　0418 号台风期间实测潮位和计算潮位比较

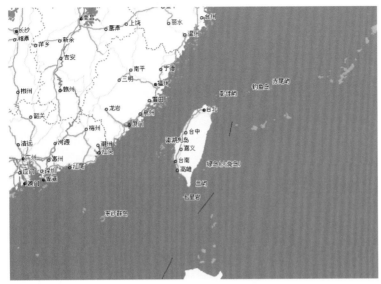

图 8-6　厦门岛周边海域风暴潮研究区域

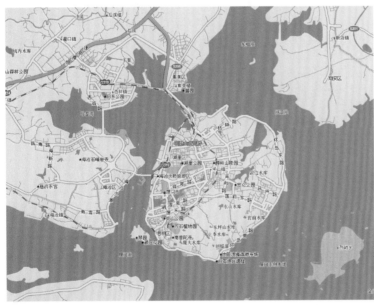

图 8-7　厦门岛洪水演进模型研究区域

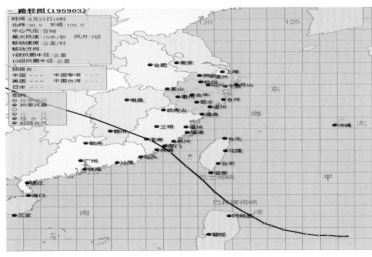

图 8-8　5903 号台风路径图

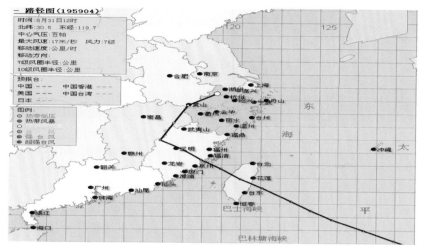

图 8-9　5904 号台风路径图

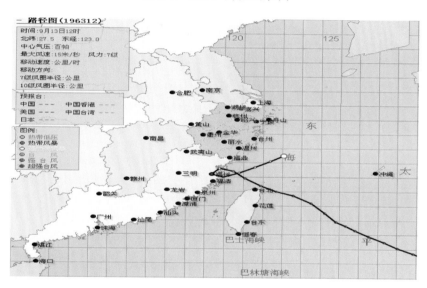

图 8-10　6312 号台风路径图

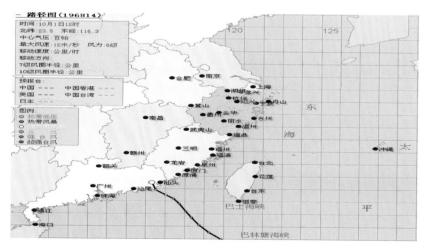

图 8-11　6814 号台风路径图

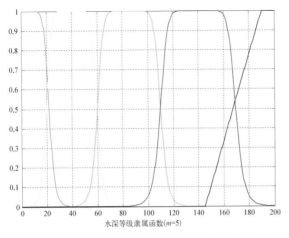

图 8-12　五级评价时各受淹等级的隶属函数的图像

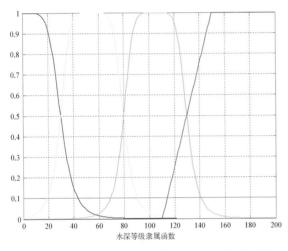

图 8-13　四级评价时各受淹等级的隶属函数的图像

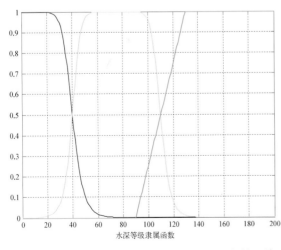

图 8-14　三级评价时各受淹等级的隶属函数的图像

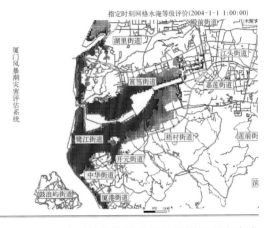

图 8-15　一次以计算网格为单位的风暴潮灾害水淹等级评价结果的图形展示

图 8-16　一次以街道为单位的风暴潮灾害水淹等级评价结果的图形展示

指定时刻城市水淹情况评价报表

预案号：YuAn1　模拟号：MoN1100S　模拟时间　2004-1-1 2:30　评价等级：五级

表1. 各个街道的名称、面积、人口数、企事业单位数、房屋占地面积数、重要单位列表、不同受淹等级网格所占面积

街道名称	面积（平方米）	人口数（万人）	企事业单位数	房屋占地面积（平方米）	街道平均水深（米）	街道受淹等级	1级受淹网格所占面积比例	2级受淹网格所占面积比例	3级受淹网格所占面积比例	4级受淹网格所占面积比例	5级受淹网格所占面积比例	未受淹网格所占面积
鼓浪屿街道	1923513	2.09	51	486382	0.00	0	0.00	0.00	0.00	0.00	0.00	1.00
鹭江街道	2483837	5.25	1036	692073	716.06	5	0.00	0.00	0.00	0.30	0.74	(0.06)
中华街道	1502777	4.97	707	741319	187.83	5	0.00	0.01	0.01	0.12	0.15	0.71
厦港街道	1624648	4.95	543	605292	214.67	5	0.01	0.01	0.01	0.11	0.31	0.55
滨海街道	16688266	5.44	570	1046006	14.70	1	0.00	0.00	0.00	0.01	0.02	0.96
莲前街道	23852196	13.74	1165	2299458	0.49	0	0.00	0.00	0.00	0.00	0.00	0.99
梧村街道	6314276	11.68	1537	1217042	58.30	2	0.00	0.01	0.01	0.02	0.14	0.82
嘉莲街道	4551516	10.22	1390	1231106	116.61	4	0.01	0.02	0.02	0.06	0.16	0.74
筼筜街道	10186622	14.28	1761	1796327	435.34	5	0.00	0.01	0.01	0.18	0.47	0.33
开元街道	5690539	9.28	1378	1282535	122.33	4	0.00	0.01	0.02	0.03	0.27	0.67
湖里街道	10398732	13.32	1768	1931336	91.36	3	0.01	0.01	0.02	0.07	0.09	0.79
殿前街道	17733973	10.02	800	2288413	8.85	1	0.01	0.02	0.01	0.01	0.02	0.94
禾山街道	15309009	7.68	205	1854786	0.48	0	0.00	0.00	0.01	0.00	0.00	0.99
江头街道	6482317	12.45	1450	1646579	20.03	2	0.01	0.00	0.01	0.01	0.05	0.91
金山街道	14086463	7.65	387	1740055	0.15	0	0.00	0.00	0.00	0.00	0.00	1.00

表2. 各个区的名称、面积、人口数、企事业单位数、房屋占地面积数、重要单位列表、不同受淹等级网格所占面积

区名称	面积（平方米）	人口数（万人）	企事业单位数	房屋占地面积（平方米）	区平均水深（米）	区受淹等级	1级受淹网格所占面积	2级受淹网格所占面积	3级受淹网格所占面积	4级受淹网格所占面积	5级受淹网格所占面积	未受淹网格所占面积
思明区	74818190	81.90	10138	11397540	186.63	2	171220	447059	437029	3706915	########	59185847
湖里区	64010494	51.12	4610	9461169	24.17	2	318371	0	587425	1005941	1566493	60532263

3、厦门本岛各水淹等级区域所包含的网格面积

不受淹区域比例	1级水淹区域	2级水淹区域	3级水淹区域	4级水淹区域	5级水淹区域	未受淹区域
面积（平方米）	489591	447060	1024454	4712856	12436613	119718111
面积百分比	0.00	0.00	0.01	0.03	0.09	0.86

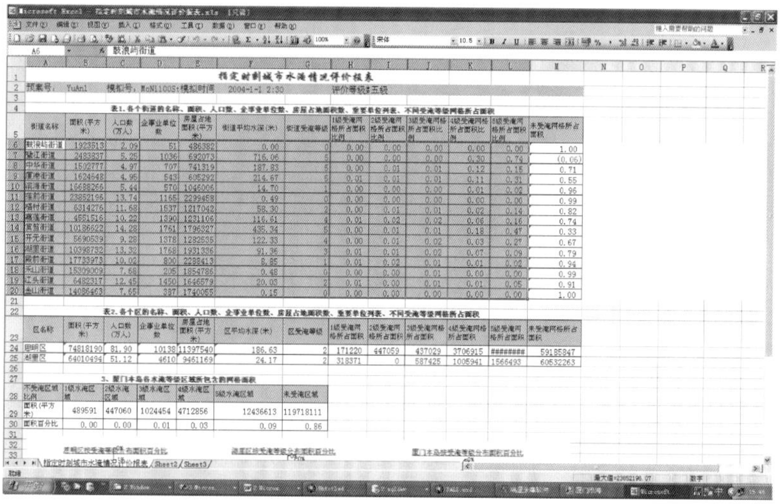

图 8-17　一次以街道为单位的风暴潮灾害水淹等级评价结果的报表展示

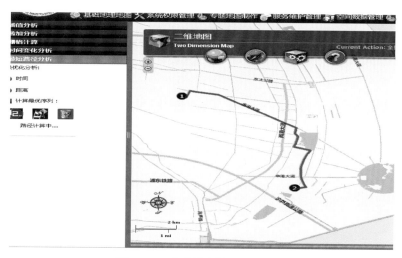

图 8-21　人员撤离最短路径分析

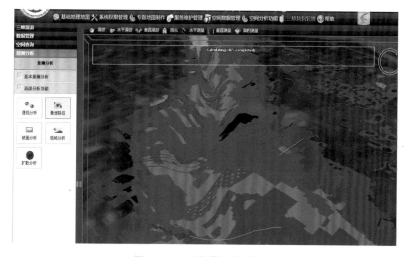

图 8-22　三维最短路径分析

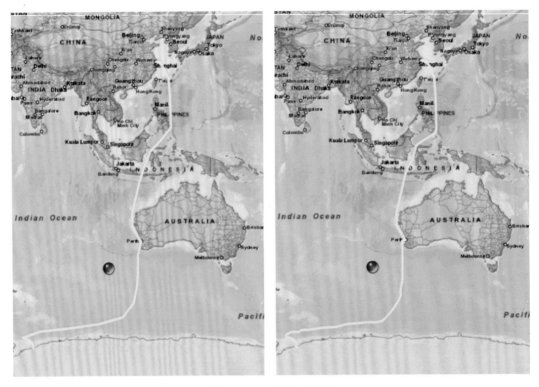

图 10-11　实验效果对比图一

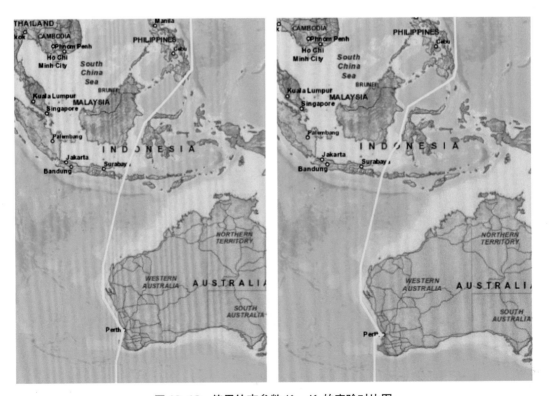

图 10-12　使用约束参数 K_1、K_2 的实验对比图